基于 BIM 技术的绿色建筑施工新方法

韩宇琪　张晓林◎著

中国原子能出版社

图书在版编目（CIP）数据

基于 BIM 技术的绿色建筑施工新方法 / 韩宇琪，张晓林著. --北京：中国原子能出版社，2023.11

ISBN 978-7-5221-3138-2

Ⅰ. ①基… Ⅱ. ①韩…②张… Ⅲ. ①生态建筑–建筑施工 Ⅳ. ①TU74

中国国家版本馆 CIP 数据核字（2023）第 233295 号

基于 BIM 技术的绿色建筑施工新方法

出版发行 中国原子能出版社（北京市海淀区阜成路 43 号 100048）
责任编辑 杨 青
责任印制 赵 明
印　　刷 北京天恒嘉业印刷有限公司
经　　销 全国新华书店
开　　本 787 mm×1092 mm 1/16
印　　张 16
字　　数 255 千字
版　　次 2023 年 11 月第 1 版 2023 年 11 月第 1 次印刷
书　　号 ISBN 978-7-5221-3138-2 **定 价** **76.00 元**

前　言

建筑设计是建设项目各相关专业中的龙头专业，其应用建筑信息化模型（BIM）技术的水平将直接影响到整个建设项目应用数字技术的水平。高等学校是培养高水平技术人才的地方，是传播先进文化的场所。现如今，我国高等学校建筑学专业培养的毕业生除了应具有良好的建筑设计专业素质外，还应当较好地掌握先进的建筑数字技术及 BIM 的应用知识。

而当前的情况是，建筑数字技术教学已经滞后于建筑数字技术的发展，这非常不利于学生毕业后在信息社会中的发展，不利于建筑数字技术在我国建筑设计行业应用的发展，因此我们必须加强认识、研究对策、迎头赶上。本书结合建筑数字技术教学的规律和实践，结合建筑设计的特点和应用实践来编写，可以满足当前建筑数字技术教学的需求，并推动全国高等学校建筑数字技术教学的发展。

本书旨在更好地帮助读者正确认识、学习 BIM 技术在绿色建筑中的应用，同时也期望此书能够起到抛砖引玉的作用，使更多同行们来关注这项工作，引领建筑信息技术走向更高层次，大大提高建筑设计水平。本书共包含七个章节，阐述了 BIM 技术的概况及现状分析、BIM 技术应用价值评估、绿色建筑材料概述、BIM 绿色建筑设计、BIM 技术的建筑项目管理体系的研究、BIM 在施工项目管理中的技术及应用研究、BIM 在数字化建筑设计中的应用等内容。

本书在写作和修改过程中，查阅和引用了书籍、期刊等相关资料，在此谨向本书所引用资料的作者表示诚挚的感谢。由于水平有限，书中难免出现纰漏，恳请读者同仁和专家学者批评指正。

目 录

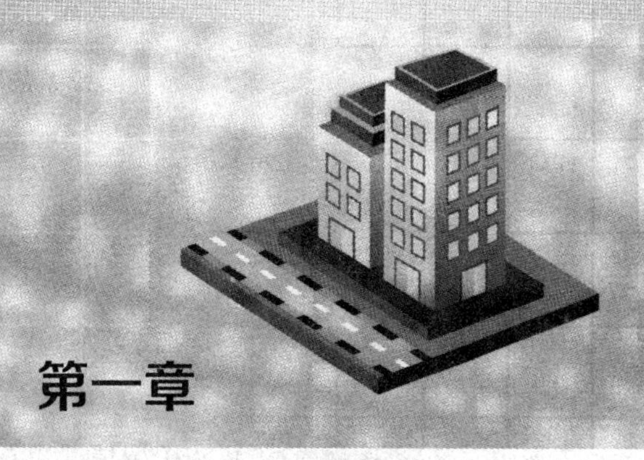

第一章 BIM 技术的概况及现状分析

第一节　BIM 技术的背景研究

20 世纪末，身着“非线性”“参数化”两件外衣的数字技术再次融入建筑师的工作。近些年，从北京奥运会到上海世博会，从广州亚运会到西安世园会，从北京国际会都到冬奥会各种复杂、重要的建筑中都能看到数字化技术的应用。在走可持续发展道路及低碳理念普及的大背景下，数字技术又举起建筑信息化模型（BIM）的大旗，登上建筑业的舞台。与之前仅提供技术支持并单纯影响建筑行业不同的是，BIM 能搭建一个或多个综合性系统平台，向项目投资者、规划设计者、施工建设者、监督检查者、管理维护者、运营使用者乃至改扩建者、拆除回收者等不同业内从业者提供时间范围涵盖工程项目整个周期的各类信息，并使这些信息具备联动、实时更新、动态可视化、共享、互查、互检等特点。在数字技术的支持下，不同的技术研发者编写出不同的软件来收集、分类、管理和应用这些建设项目信息，为规划师、建筑师、建造师提供技术支持与保证。伴随着一个个工程案例的实施及新的行业标准和规范的制定，BIM 全方位、多维度地影响着建筑业，开始了建筑行业的又一次变革。

目前 BIM 的应用在我国还处于起步阶段，主要运用在设计方面。事实上，BIM 可以应用于规划、招投标、施工、监理、运营等方面。BIM 应用是今后长时期内施工企业实施管理创新、技术创新，提升核心竞争力的有力保障。BIM技术将是未来我国建筑业行业发展和科技提升面临的重点问题。中国建筑业协会工程建设质量管理分会针对目前的工程建设 BIM 应用研究报告调查问卷表明，从对 BIM 的了解和应用情况来看，听过 BIM 的人很多，达到受访者的87%；使用BIM的人很少，只有6%。就BIM使用计划而言，促使企业应用 BIM 的最主要原因是投资能够得到回报，导致企业不用 BIM 的最主要原因是缺乏BIM人才。在项目设计阶段，施工、运营等传统后期参与方应该在设计早期就参与项目；在施工阶段，BIM有助于质量控制、安全控制、成本控制、进度控制、专业分包管理、资料管理等。受访者设计阶段做过的BIM应用包括碰撞检查、设计优化、性能分析、图纸检查、三维设计、建筑方案推敲、施工图深化和协同设计；施工阶段做过的BIM应用包括工程量统计、碰撞检查、施工过程三维动画展示、预演施工方案、管线综合、虚拟现实、施工模拟、模板放样和备工备料。

2010年"BIM技术在设计、施工及房地产企业协同工作中的应用"国际技术交流会上，美国 Tocci 施工公司董事长 John Tocci 表示，美国 30%的项目缺乏计划和预算评估，92%的业主对设计师的图纸精准程度表示怀疑，37%的材料浪费是来自于建筑行业，10%的成本耗费在项目建设期间因沟通不畅而造成的返工。这一数据让人诧异。

建筑业产品的单一性、项目的复杂性、设计的多维度、生产车间的流动性、团队的临时性、工艺的多样性等给建筑业的精细化管理带来极大的挑战，且多年来国家对固定资产投资的青睐，使得建筑业成为长期利好行业之一。因而无生存之忧的建筑企业主观上缺乏提升管理水平的动力，直接造成建筑业生产能力的落后。目前项目管理面临的挑战主要包括：更快的资金周转、更短的工期带来工期控制困难；三边工程，图纸问题多，易造成返工；工程复杂，技术难度高；投资管理复杂程度高；项目协同产生较多错误且效率低下；施工技术、质量与安全管理难度大。这些挑战的根源之一是建筑业普遍缺乏全生命周期的理念。建筑物从规划、设计、施工、竣工后运营乃至拆除

的全生命周期过程中，建筑物的运营周期一般都达数十年之久，运营阶段的投入是全生命周期中最大的。尽管建筑竣工后的运营管理不在传统的建筑业范围之内，但是建筑运营阶段所发现的问题大部分可以从前期规划、设计和施工阶段找到原因。由于建筑的复杂性及专业的分工化的发展，传统建筑业生产方式下，规划、设计、施工、运营各阶段存在一定的割裂性，整个行业普遍缺乏全生命周期的理念，存在着大量的返工、浪费与其他无效工作，造成了巨大的成本与效率损失。

BIM 的意义在于完善了整个建筑行业从上游到下游的各个管理系统和工作流程间的纵、横向沟通和多维性交流，实现了项目全生命周期的信息化管理。BIM 的技术核心是一个由计算机三维模型所形成的数据库，包含了贯穿于设计、施工和运营管理等整个项目全生命周期的各个阶段，并且各种信息始终储存在一个三维模型数据库中。BIM 能够使建筑师、工程师、施工人员及业主清楚全面地了解项目；建筑设计专业可以直接生成三维实体模型；结构专业则可取其中墙材料强度及墙上孔洞大小进行计算；设备专业可以据此进行建筑能量分析、声学分析、光学分析等；施工单位则可根据混凝土类型、配筋等信息进行水泥等材料的备料及下料；开发商则可取其中的造价、门窗类型、工程量等信息进行工程造价总预算、产品订货等。BIM 在促进建筑专业人员整合、改善设计成效方面发挥的作用与日俱增，它将人员、系统和实践全部集成到一个流程中，使所有参与者充分发挥自己的智慧和才华，可在设计、制造和施工等所有阶段优化项目成效、为业主增加价值、减少浪费并最大限度提高效率。

说到 BIM，不得不说的就是“协同”。实施 BIM 的最终目的是要提高项目质量和效率，从而减少后续施工期间的返工，保障施工工期，节约项目资金。BIM 的价值主要体现在 5 个方面：可视化、协调性、模拟性、优化性和出图。

在可视化方面，其真正运用在建筑业中的作用非常大，例如，经常拿到的施工图纸，只是各个构件的信息在图纸上采用线条绘制的表达，但是其真正的构造形式就需要建筑业参与人员去自行想象。BIM 提供了可视化的思路，将以往线条式的构件形成一种三维的立体实物图形展示在人们面前，使得设计师和业主等人员对项目需求是否得到满足的判断更加明确、高效，使决策更为准确。在设计时，常常由于各专业设计师之间的沟通不到位而出现各种专业之间的碰撞问题。BIM 的协调性就可以帮助处理这种问题。也就是说，BIM 可在建筑物建造前期对各专业碰撞所产生问题进行协调，生成协调数据。

在模拟性方面，BIM 将原本需要在真实场景中实现的建造过程与结果，在数字虚拟中预先实现。BIM 可以对设计上需要进行模拟的一些东西进行模拟实验，例如，节能模拟、紧急疏散模拟、日照模拟、热能传导模拟等。在招投标阶段和施工阶段可以进行 4D 模拟，根据施工的组织设计模拟实际施工，从而确定合理的施工方案来指导施工。同时，还可以进行 5D 模拟，实现成本控制。后期运营阶段可以进行紧急情况处理方式的模拟，例如，地震时人员逃生模拟及消防人员疏散模拟等。

在优化性方面，目前基于 BIM 的优化主要包括项目方案优化和特殊项目的优化。项目方案优化把项目设计和投资回报分析结合起来，设计变化对投资回报的影响可以实时计算出来，还可以对施工难度比较大和问题比较多的方案进行优化。

在出图方面，更是 BIM 相比于 CAD 的最大优势。操作者可随机同步提供、阅读 BIM 模型内任一专业、任一节点、任一时间段的图纸、技术资料和文件。

推动 BIM 的应用，需要政府的引导、相关行业协会的推动、企业积极参与、市场的认可及 BIM 技术研发和电脑硬件、软件的发展支撑。可以用一句话来描述国内建筑业 3 个主要参与方——业主、设计单位、施工单位使用 BIM 的情况：受益最大的是业主，贡献最大的是设计方，动力最大的是施工方。

BIM 可以简单地形容为模型+信息，模型是信息的载体，信息是模型的核心。同时，BIM 又是贯穿规划、设计、施工和运营的建筑全生命周期，可以供全生命周期的所有参与单位基于统一的模型实现协同工作。但目前，BIM

的应用尚属初级阶段，除施工阶段 BIM 应用点基本可以形成体系外，设计阶段还主要体现在某些点的应用，还未能形成面，与项目管理、企业管理还有一段距离，运维阶段的 BIM，还处于探索阶段。但 BIM 的价值已经被行业所认可，BIM 的发展与推广将势不可挡。

随着 BIM 模型中数据的分析与处理应用越来越深入，与管理职能结合度越来越高，最后将与项目管理（设计项目管理、施工项目管理、运维管理）、项目群管理、企业管理相结合。BIM 是数据的载体，通过提取数据价值，可以提高决策水平、改善业务流程，已成为企业成功的关键要素。同时，BIM 模型中的数据是海量的，大量 BIM 模型的积累构成了建筑业的大数据时代，通过数据的积累、挖掘、研究与分析，总结归纳数据规律，形成企业知识库，在此基础上形成智能化的应用，可以有效用于预测、分析、控制与管理等。

未来，企业要想从激烈的竞争中获得领先优势，就必须借助信息技术改变原有建筑业靠大量资本、技术和劳动力投入的状况，也就是说，形成产业链竞争力的核心价值就在于 BIM 技术让信息形成了资产的改变，改变后的资产会带来超额的利润。而这也正好暗合了信息化的内在实质：以低成本的方式实现高水平的管控，实现信息共享，实现上下左右的无缝对接。而最先要做的，是提高建筑企业对 BIM 的重视度。有的企业将 BIM 等信息化建设作为“面子工程”，没有务实推进的打算及长远规划，对信息化在企业发展中发挥的重要作用缺乏应有的认识。提高建筑企业对 BIM 应用的意识至关重要，这是目前提高 BIM 应用范围和水平的先决要素。中国建筑业协会工程建设质量管理分会有关专家认为，企业成功实施 BIM 可以分为四个阶段。第一阶段是制定战略：根据企业总体目标和资源拥有情况确定企业 BIM 实施的总体战略和计划，包括确定 BIM 实施目标、建立 BIM 实施团队、确定 BIM 技术路线、组织 BIM 应用环境等工作。第二阶段是重点突破：选择确定本企业从哪些 BIM 重点应用开始切入，对于已经选择确定的 BIM 重点应用逐个在项目中实施，从中总结出每个重点应用在企业的最佳实施方法。第三阶段是推广集成：首先是对已经实践过的 BIM 重点应用按照总结出来的最佳方法进行推广；其次是尝试不同 BIM 应用之间的集成应用，以及 BIM 和企业其他系统之间（例如，ERP、采购、财务等）的集成应用，总结出集成应用的最佳方法。第四阶段是行业标准：推广集成应用和参与行业标准制定。中国建筑业协会工程建设质量管理分会秘书长李菲表示，大力推广应用包括 BIM 在内的先进质量技术和方法，将是今后分会工作的重点。目前还没有一套适合我国的 BIM 标准，这大大限制了 BIM 技术在国内的推广和应用。因此，构建 BIM 的标准成为一项紧迫与重要的任务。值得欣慰的是，政府已逐渐地重视 BIM 的应用。《2021—2025 年建筑业信息化发展纲要》要求，“十四五”期间，着力增强智能化、BIM、大数据等信息技术集成应用能力，建筑业的智能化、数字化、网络化要取得突破性进展，中国建筑业全面进入智能建造的时代。目前研究成果大多停留在论文、非商品化软件、示范案例上，对影响行业未来提升转型的信息化核心技术的核心工具 BIM 软件，必须要有一个非常明确的战略及相应的行动路线，使软件更好地推进 BIM 的应用。

BIM 的理论基础主要源于制造行业集 CAD、CAM 于一体的计算机集成制造系统 CIMS 理念和基于产品数据管理 PDM 与 STEP 标准的产品信息模型。BIM 是近十年在原有 CAD 技术基础上发展起来的一种多维（三维空间、四维时间、五维成本、N 维）模型信息集成技术，可以使建设项目的所有参与方（包括政府主管部门、业主、设计、施工、监理、造价、运营管理、项目用户等）在项目从概念产生到完全拆除的整个生命周期内都能够在模型中操作信息和在信息中操作模型，从而从根本上改变了从业人员依靠符号文字、形式图纸进行项目建设和运营管理的工作方式，实现了在建设项目全生命周期过程中提高工作效率和质量、减少错误和降低风险的目标。

CAD 技术将建筑师、工程师们从手工绘图推向计算机辅助制图，实现了工程设计领域的第一次信息革命。但是此信息技术对产业链的支撑作用是断点的，各个领域和环节之间没有关联，从产业整体来看，信息化的综合应用明显不足。BIM 是一种技术、一种方法、一种过程，它既包括建筑物全生命周期的信息模型，又包括建筑工程管理行为的模型，它将两者进行完美的结

合来实现集成管理，它的出现将引发整个 AEC 领域的第二次革命：BIM 从二维（2D）设计转向三维（3D）设计；从线条绘图转向构件布置；从单纯几何表现转向全信息模型集成；从各工种单独完成项目转向各工种协同完成项目；从离散的分步设计转向基于同一模型的全过程整体设计；从单一设计交付转向建筑全生命周期支持。

由此可见，BIM 带来的不仅是激动人心的技术冲击，而更加值得注意的是，BIM 技术与协同设计技术将成为互相依赖、密不可分的整体。协同是 BIM 的核心概念，同一构件元素，只需输入一次，各工种即可共享该元素数据，并于不同的专业角度操作该构件元素。从这个意义上说，协同已经不再是简单的文件参照。可以说 BIM 技术将为未来协同设计提供底层支撑，大幅提升协同设计的技术含量，它带来的不仅是技术，也将是新的工作流及新的行业惯例。

一、BIM 的市场驱动力

恩格斯曾经说过这样一句被后人广为引用的话，“社会一旦有技术上的需要，则这种需要就会比十所大学更能把科学推向前进”，作为正在快速发展和普及应用的 BIM 也不例外。

全球发达国家或高速发展中国家都把相当大比例投资投入到基础建设上，包括规划、设计、施工、运营、维护、更新、拆除等。根据中国建筑业 2023 年发展报告，经初步核算，2023 年上半年我国建筑业生产总值为 13.23 万亿元。

根据美国商务部劳动统计局资料，1966—2003 年，美国建筑业生产效率按照单位劳动完成新施工活动的合同额统计，平均每年有 0.59%的下降，而相同时期美国非农业所有工业的生产效率平均每年有 1.77%的上升。

在过去的几十年当中，航空、航天、汽车、电子产品等其他行业的生产效率通过使用新的生产流程和技术有了巨大提高，市场对全球工程建设行业

改进工作效率和质量的压力日益加大。20 世纪 90 年代以来，美国和欧洲进行了一系列旨在发现问题、解决问题、提高工作效率和质量的研究。

根据美国建筑科学研究院在 2007 年颁布的美国国家 BIM 标准（第一版）第一部分援引美国建筑行业研究院的研究报告，工程建设行业的非增值工作（即无效工作和浪费）高达 57%，作为比较的制造业的这个数字只有 26%，两者相差 31%。

如果工程建设行业通过技术升级和流程优化能够达到目前制造业的水平，按照美国 2008 年 12 800 亿美元的建筑业规模计算，每年可以节约将近 4 000 亿美元。美国 BIM 标准为以 BIM 技术为核心的信息化技术定义的目标，是到 2020 年为建筑业每年节约 2 000 亿美元。

我国近年来的固定资产投资规模维持在 50 万亿～60 万亿元，其中很大一部分依靠基本建设完成，生产效率与发达国家比较也还存在不小差距。如果按照美国建筑科学研究院的资料进行测算，通过技术和管理水平提升，可以节约的建设投资将是十分惊人的。

导致工程建设行业效率不高的原因是多方面的，但是如果研究已经取得生产效率大幅提高的零售、汽车、电子产品和航空等领域，那么发现行业整体水平的提高和产业的升级只能来自于先进生产流程和技术的应用。

BIM 正是这样一种技术、方法、机制和机会，通过集成项目信息的收集、管理、交换、更新、存储过程和项目业务流程，为建设项目全生命周期的不同阶段、不同参与方提供及时、准确、足够的信息，支持不同项目阶段之间、不同项目参与方之间及不同应用软件之间的信息交流和共享，以实现项目设计、施工、运营、维护效率和质量的提高，以及工程建设行业持续不断的行业生产力水平提升。

二、BIM 在工程建设行业的位置

BIM 在工程建设行业的信息化技术中并不是孤立存在的，大家耳熟能详

的就有 CAD、可视化、CAE、GIS 等，那么 BIM 到底处在一个什么位置呢？

当 BIM 作为一个专有名词进入工程建设行业的第一个十年快要到来的时候，其知名度开始呈现爆炸式的扩大，但对什么是 BIM 的认识却也是五花八门。

在对 BIM 的众多认识中，有两个极端尤为引人注目。其一，是把 BIM 等同于某一个软件产品，例如 BIM 就是 Revit 或者 ArchiCAD；其二，是认为 BIM 应该包括跟建设项目有关的所有信息，包括合同、人事、财务信息等。

要弄清楚什么是 BIM，首先必须弄清楚 BIM 的定位，那么，BIM 在建筑业究竟处于一个什么样的位置呢？

我国建筑业信息化的历史基本可以归纳为每十年重点解决一类问题，具体如下。

①“六五”至“七五”（1981—1990 年）：解决以结构计算为主要内容的工程计算问题（CAE）。

②“八五”至“九五”（1991—2000 年）：解决计算机辅助绘图问题（CAD）。

③“十五”至“十一五”（2001—2010 年）：解决计算机辅助管理问题，包括电子政务和企业管理信息化等。

④“十一五”至“十二五”（2011—2020 年）：BIM 将作为建设项目信息的载体，作为我国建筑业信息化横向打通的核心技术之一。

用一句话来概括，就是：纵向打通了，横向没打通。从宏观层面来看，技术信息化和管理信息化之间没有关联；从微观层面来看，例如，CAD 和 CAE 之间也没有关联。

换一个角度考虑，也就是接下来建筑业信息化的重点应该是打通横向。而打通横向的基础来自于建筑业所有工作的聚焦点，就是建设项目本身。不用说所有技术信息化的工作都是围绕项目信息展开的，即使管理信息化的所有工作同样也是围绕项目信息展开的，是为了项目的建设和营运服务的。

发展趋势分析，BIM 作为建设项目信息的承载体，作为我国建筑业信息化横向打通的核心技术和方法之一已经没有太大争议。

现代化、工业化、信息化是我国建筑业发展的三个方向，建筑业信息化可以划分为技术信息化和管理信息化两大部分，技术信息化的核心内容是建设项目的生命周期管理，企业管理信息化的核心内容则是企业资源计划。

如前所述，不管是技术信息化还是管理信息化，建筑业的工作主体是建设项目本身，因此，没有项目信息的有效集成，管理信息化的效益也很难实现。BIM通过其承载的工程项目信息把其他技术信息化方法（如CAD、CAE）集成起来，从而成为技术信息化的核心、技术信息化横向打通的桥梁，以及技术信息化和管理信息化横向打通的桥梁。

据麦格劳希尔最新一项调查结果显示，目前北美的建筑行业有一半的机构在使用BIM或与BIM相关的工具，这一使用率还在持续增加。清华大学软件学院BIM标准研究课题组在欧特克中国研究院（ACRD）的支持下积极推进中国BIM发展及标准研究，并邀请行业专家再次召开研讨会，就BIM在美国应用的现状、中美BIM标准研究的比较，以及BIM在绿色建筑中的应用等内容进行分享与讨论，从而为推动构建中国建筑信息模型标准带来借鉴与启迪，加速实现中国工程建设行业的高效、协作和可持续发展。清华大学软件学院副院长顾明、欧特克中国研究院院长高级顾问梁进、欧特克公司工程建设行业经理Erin Rae Hoffer、CCDI集团营销副总经理弋洪涛、国家住宅与居住环境工程技术研究中心研发部主任何剑清等一线行业专家参加了此次研讨会。

所谓BIM，即指基于最先进的三维数字设计和工程软件所构建的“可视化”数字建筑模型，为设计师、建筑师、水电暖铺设工程师、开发商乃至最终用户等各环节人员提供“模拟和分析”的科学协作平台，帮助他们利用三维数字模型对项目进行设计、建造及运营管理，最终使整个工程项目在设计、施工和使用等各个阶段都能够有效地达到节省能源、节约成本、降低污染和提高效率的目的。

BIM是在项目的全生命周期中都可以进行应用的，从项目的概念设计、施工、运营，甚至后期的翻修或拆除，所有环节都可以提供相关的服务。BIM

不但可以进行单栋建筑设计，还可以对一些大型的基础设施项目，包括交通运输项目、土地规划、环境规划、水利资源规划等进行设计。在美国，BIM 的普及率与应用程度较高，政府或业主会主动要求项目运用统一的 BIM 标准，甚至有的州已经立法，强制要求州内的所有大型公共建筑项目必须使用 BIM。目前，美国所使用的 BIM 标准包括 NBIMS、COBIE 标准、IFC 标准等，不同的州政府或项目业主会选用不同的标准，但是使用前提都是要求通过统一标准为相关利益方带来最大的价值。欧特克公司创建了一个指导 BIM 实施的工具——“BIM Deployment Plan”，以帮助业主、建筑师、工程师和承包商实施 BIM。这个工具可以为各个公司提供管理沟通的模型标准，对 BIM 使用环境中各方担任的角色和责任提出建议，并提供最佳的业务和技术惯例，目前英文版已经供下载使用，中文版也将在不久后推出。

BIM 方法与理念可以帮助包括设计师、施工方等各相关利益方更好地理解可持续性及它的四个重要因素：能源、水资源、建筑材料和土地。Erin 向大家介绍了欧特克工程建设行业总部大楼的案例。该项目就是运用 BIM 理念进行设计、施工的，获得了绿色建筑的白金认证。大楼建筑面积超过 5 000 平方米，从概念设计到入住仅用了 8 个月时间，每平方米成本节省了 29 美元，节省 37%的能源成本，并真正实现零事故、零索赔。欧特克作为业主成为最大的受益方，通过运用 BIM 实现可持续发展的模式，节约了大量可能被耗费的资源和成本。

随着行业的发展以及需求的凸显，中国企业已经形成共识：BIM 将成为中国工程建设行业未来的发展趋势。相对于欧美、日本等发达国家，中国的 BIM 应用与发展比较滞后，BIM 标准的研究还处于起步阶段。因此，在中国已有规范与标准保持一致的基础上，构建中国的 BIM 标准成为紧迫与重要的工作。同时，中国的 BIM 标准如何与国际的使用标准（如美国的 NBIMS）有效对接、政府与企业如何推动中国 BIM 标准的应用都将成为今后工作的挑战。我国需要积极推动 BIM 标准的建立，为行业可持续发展奠定基础。

毋庸置疑，BIM 是引领工程建设行业未来发展的利器，需要积极推广 BIM 在中国的应用，以帮助设计师、建筑师、开发商及业主运用三维模型进行设计、建造和管理，不断推动中国工程建设行业的可持续发展。

三、行业赋予 BIM 的使命

一个工程项目的建设、运营涉及业主、用户、规划、政府主管部门、建筑师、工程师、承建商、项目管理、产品供货商、测量师、消防、卫生、环保、金融、保险、法务、租售、运营、维护等几十类、成百上千家参与方和利益相关方。一个工程项目的典型生命周期包括规划和计划、设计、施工、项目交付和试运行、运营维护、拆除等阶段，时间跨度为几十年到一百年，甚至更长。把这些不同项目参与方和项目阶段联系起来的是基于建筑业法律法规和合同体系建立起来的业务流程，支持完成业务流程或业务活动的是各类专业应用软件，而连接不同业务流程之间和一个业务流程内不同任务或活动之间的纽带则是信息。

一个工程项目的信息数量巨大、信息种类繁多，但是基本上可以分为以下两种形式。

① 结构化形式：机器能够自动理解的，例如 Excel、BIM 文件。

② 非结构化形式：机器不能自动理解的，需要人工进行解释和翻译，例如 Word、AIX。目前工程建设行业的做法是，各个参与方在项目不同阶段用自己的应用软件去完成相应的任务，输入应用软件需要的信息，把合同规定的工作成果交付给接收方，如果关系好，也可以把该软件的输出信息交给接收方做参考。下游（信息接收方）将重复上面描述的这个做法。

由于当前合同规定的交付成果以纸质成果为主，在这个过程中项目信息被不断地重复输入、处理、输出成合同规定的纸质成果，下一个参与方再接着输入它的软件需要的信息。据美国建筑科学研究院的研究报告统计，每个数据在项目全生命周期中平均被输入 7 次。

事实上，在一个建设项目的整个生命周期内，不仅不缺信息，甚至也不缺数字形式的信息。试问在如今建设项目的众多参与方当中，哪一家不是在

用计算机处理信息？真正缺少的是对信息的结构化组织管理（机器可以自动处理）和信息交换（不用重复输入）。由于技术、经济和法律的诸多原因，这些信息在被不同的参与方以数字形式输入处理以后又被降级成纸质文件交付给下一个参与方了，或者即使上游参与方愿意将数字化成果交付给下游参与方，也因为不同的软件之间信息不能互用而束手无策。

这就是行业赋予 BIM 的使命：解决项目不同阶段、不同参与方、不同应用软件之间的信息结构化组织管理和信息交换共享，使得合适的人在合适的时间得到合适的信息，这个信息要求准确、及时、够用。

BIM 的定义或解释有多种版本，麦克格劳·希尔在 2009 年“BIM 的商业价值”的市场调研报告中对 BIM 的定义比较简练，认为“BIM 是利用数字模型对项目进行设计、施工和运营的过程”。

相比较，美国国家 BIM 标准对 BIM 的定义比较完整：“BIM 是一个设施（建设项目）物理和功能特性的数字表达；BIM 是一个共享的知识资源，是一个分享有关这个设施的信息，为该设施从概念到拆除的全生命周期中的所有决策提供可靠依据的过程，在项目不同阶段，不同利益相关方通过在 BIM 中插入、提取、更新和修改信息，以支持和反映其各自职责的协同作业。”

美国国家 BIM 标准由此提出 BIM 和 BIM 的交互需求都应该基于以下几项。

① 一个共享的数字表达。

② 包含的信息具有协调性、一致性和可计算性，是可以由计算机自动处理的结构化信息。

③ 基于开放标准的信息互用。

④ 能以合同语言定义信息互用的需求。

在实际应用的层面，从不同的角度，对 BIM 会有不同的解读。

① 应用到一个项目中，BIM 代表着信息的管理，信息被项目所有参与方提供和共享，确保正确的人在正确的时间得到正确的信息。

② 对于项目参与方，BIM 代表着一种项目交付的协同过程，定义各个

团队如何工作，多少团队需要一块工作，如何共同去设计、建造和运营项目。

③ 对于设计方，BIM 代表着集成化设计、鼓励创新、优化技术方案、提供更多的反馈、提高团队水平。

美国 Building SMART 联盟主席 Dana K.Smith 在其专著中提出了一种对 BIM 的通俗解释，他将“数据—信息—知识—智慧”放在一个链条上，认为 BIM 本质上就是这样一个机制：把数据转化成信息，从而获得知识，智慧地行动。理解这个链条是理解 BIM 价值及有效使用建筑信息的基础。

借助于中国古代的哲学思想，可以找到 BIM 运动变化的规律。“一阴一阳之谓道”，所以阴所以阳，构成的是一种互相交替循环的动态状况，这才称其为道。在 BIM 的动态发展链条上，业务需求（不管是主动的需求还是被动的需求）引发 BIM 应用，BIM 应用需要 BIM 工具和 BIM 标准，业务人员（专业人员）使用 BIM 工具和标准生产 BIM 模型及信息，BIM 模型和信息支持业务需求的高效优质实现，使得 BIM 的世界就此诞生和发展。

第二节 BIM 技术概述

一、BIM 技术的概念

目前，国内外关于 BIM 的定义或解释有多种版本，现介绍几种常用的 BIM 定义。

第一种，McGraw.Hill 集团的定义。

麦克格劳・希尔集团在 2009 年的一份 BIM 市场报告中将 BIM 定义为：“BIM 是利用数字模型对项目进行设计、施工和运营的过程。”

第二种，美国国家 BIM 标准的定义。

美国国家 BIM 标准（NBIMS）对 BIM 的含义进行了 4 个层面的解释：

“BIM 是一个设施（建设项目）物理和功能特性的数字表达；一个共享的知识资源；一个分享有关这个设施的信息，为该设施从概念到拆除的全生命周期中的所有决策提供可靠依据的过程；在项目不同阶段，不同利益相关方通过在 BIM 中插入、提取、更新和修改信息，以支持和反映其各自职责的协同作业。”

第三种，国际标准化组织设施信息委员会的定义。

国际标准化组织设施信息委员会将 BIM 定义为：“BIM 是利用开放的行业标准，对设施的物理和功能特性及其相关的项目生命周期信息进行数字化形式的表现，从而为项目决策提供支持，有利于更好地实现项目的价值。”在其补充说明中强调，BIM 将所有的相关方面集成在一个连贯有序的数据组织中，相关的应用软件在被许可的情况下可以获取、修改或增加数据。

根据以上三种对 BIM 的定义、相关文献及资料，可将 BIM 的含义总结为以下几方面。

第一，BIM 是以三维数字技术为基础，集成了建筑工程项目各种相关信息的工程数据模型，是对工程项目设施实体与功能特性的数字化表达。

第二，BIM 是一个完善的信息模型，能够连接建筑项目生命周期不同阶段的数据、过程和资源，是对工程对象的完整描述，提供可自动计算、查询、组合拆分的实时工程数据，可被建设项目各参与方普遍使用。

第三，BIM 具有单一工程数据源，可解决分布式、异构工程数据之间的一致性和全局共享问题，支持建设项目生命周期中动态的工程信息创建、管理和共享，是项目实时的共享数据平台。

二、BIM 技术的特点

（一）信息完备性

除了对工程对象进行 3D 几何信息和拓扑关系的描述，还包括完整的工程信息描述，如对象名称、结构类型、建筑材料、工程性能等设计信息，施工程序、进度、成本、质量、人力、机械、材料资源等施工信息；工程安全性能、材料耐久性能等维护信息；对象之间的工程逻辑关系等。

（二）信息关联性

信息模型中的对象是可识别且相互关联的，系统能够对模型的信息进行统计和分析，并生成相应的图形和文档。如果模型中的某个对象发生变化，与之关联的所有对象都会随之更新，以保持模型的完整性。

（三）信息一致性

在建筑生命周期的不同阶段模型信息是一致的，同一信息无须重复输入，而且信息模型能够自动演化，模型对象在不同阶段可以简单地进行修改和扩展而无须重新创建，避免了信息不一致的错误。

（四）可视化

BIM 提供了可视化的思路，让以往在图纸上线条式的构件变成一种三维的立体实物形式展示在人们的面前。BIM 的可视化是一种能够在构件之间形成互动性的可视，可以用作展示效果图及生成报表。更具应用价值的是，在项目设计、建造、运营过程中，各过程的 BIM 通过讨论、决策都能在可视化的状态下进行。

（五）协调性

在设计时，由于各专业设计师之间的沟通不到位，往往会出现施工中各种专业之间的碰撞问题，如结构设计的梁等构件在施工中妨碍暖通等专业中的管道布置等。BIM 建筑信息模型可在建筑物建造前期将各专业模型汇集在一个整体中，进行碰撞检查，并生成碰撞检测报告及协调数据。

（六）模拟性

BIM 不仅可以模拟设计出建筑物模型，还可以模拟难以在真实世界中进行操作的事物，具体表现如下。

① 在设计阶段，可以对设计上所需数据进行模拟试验，如节能模拟、日照模拟、热能传导模拟等。

② 在招投标及施工阶段，可以进行 4D 模拟（3D 模型中加入项目的发展时间），根据施工的组织设计来模拟实际施工，从而确定合理的施工方案；还可以进行 5D 模拟（4D 模型中加入造价控制），从而实现成本控制。

③ 后期运营阶段，可以对突发紧急情况的处理方式进行模拟，如模拟地震中人员逃生及火灾现场人员疏散等。

（七）优化性

整个设计、施工、运营的过程，其实就是一个不断优化的过程，没有准确的信息是做不出成果的。BIM 模型提供了建筑物存在的实际信息，包括几何信息、物理信息等，还提供了建筑物变化以后的实际存在信息。BIM 及与其配套的各种优化工具提供了项目优化的可能，把项目设计和投资回报分析结合起来，计算出设计变化对投资回报的影响，使得业主明确哪种项目设计方案更有利于自身的需求；对设计施工方案进行优化，可以显著缩短工期、降低造价。

（八）可出图性

BIM 可以自动生成常用的建筑设计图纸及构件加工图纸。通过对建筑物进行可视化展示、协调、模拟及优化，可以帮助业主生成消除了碰撞点、优化后的综合管线图，生成综合结构预留洞图、碰撞检查侦错报告及改进方案等。

三、BIM的三个维度

实践表明，从项目阶段、项目参与方和BIM应用层次三个维度去理解BIM是一个全面、完整认识BIM的有效途径，虽然不同的人对项目阶段的划分可能不尽相同，对项目参与方种类的统计未必一致，对BIM应用层次的预测不一定完全一样，但是这并不妨碍三个维度认识BIM的方法是一个实用、有效的方法。

（一）BIM的第一个维度——不同项目阶段

美国标准和技术研究院关于工程项目信息使用的有关资料把项目的生命周期划分为如下6个阶段：① 规划和计划；② 设计；③ 施工；④ 交付和试运行；⑤ 运营和维护；⑥ 清理。

1. 规划和计划阶段

规划和计划是由物业的最终用户发起的，这个最终用户不一定是业主。这个阶段需要的信息是最终用户根据自身业务发展的需要对现有设施的条件、容量、效率、运营成本和地理位置等要素进行评估，以决定是否需要购买新的物业或者改造已有物业，这个分析既包括财务方面的，也包括物业实际状态方面的。

如果决定需要启动一个建设或者改造项目，下一步就是细化上述业务发展对物业的需求，这也是开始聘请专业咨询公司（建筑师、工程师等）的时间点，这个过程结束以后，设计阶段就开始了。

2. 设计阶段

设计阶段的任务是解决“做什么”的问题。设计阶段把规划和计划阶段的需求转化为对这个建筑物的物理描述，这是一个复杂而关键的阶段，在这个阶段做决策的人及产生信息的质量会对物业的最终效果产生最大程度的影响。

设计阶段创建的大量信息，虽然相对简单，但却是物业生命周期所有后续阶段的基础。相当数量不同专业的专业人士在这个阶段介入设计过程，其中包括建筑师、土木工程师、结构工程师、机电工程师、室内设计师、预算造价师等，而且这些专业人士可能分属于不同的机构，因此他们之间的实时信息共享非常关键，但真正能做到的却是凤毛麟角。

传统情形下，影响设计的主要因素包括建筑物计划、建筑材料、建筑产品和建筑法规，其中建筑法规包括土地使用、环境、设计规范、试验等。近年来，施工阶段的可建性和施工顺序问题，制造业的车间加工和现场安装方法，以及精益施工体系中的“零库存”设计方法被越来越多地引入设计阶段。设计阶段的主要成果是施工图和明细表，典型的设计阶段通常在进行施工承包商招标的时候结束，但是对于 DB、EPC、IPD 等项目实施模式来说，设计和施工是两个连续进行的阶段。

3. 施工阶段

施工阶段的任务是解决“怎么做”的问题，是让对建筑物的物理描述变成现实的阶段。施工阶段的基本信息实际上就是设计阶段对将要建造的那个建筑物的信息描述，传统上通过图纸和明细表进行传递。施工承包商在此基础上增加产品来源、深化设计、加工、安装过程、施工排序和施工计划等信息。

设计图纸和明细表的完整和准确是施工能够按时、按造价完成的基本保证，而事实却非常不乐观。由于设计图纸的错误、遗漏、协调差及其他质量问题导致大量工程项目的施工过程超工期、超预算。大量的研究和实践表明，富含信息的三维数字模型可以改善设计交给施工的工程图纸文档的质量、完整性和协调性。而使用结构化信息形式和标准信息格式可以直接利用施工阶段的应用软件，例如数控加工、施工计划软件等，设计模型。

4. 项目交付和试运行阶段

当项目基本完工，最终用户开始入住或使用该建筑物的时候，交付就开始了，这是由施工向运营转换的一个相对短暂的时间，但是通常这也是从设计和施工团队获取设施信息的最后机会。正是由于这个原因，从施工到交付

和试运行的这个转换点被认为是项目生命周期最关键的节点。

在项目交付和试运行阶段，业主认可施工工作、交接必要的文档、执行培训、支付保留款、完成工程结算。主要的交付活动包括：建筑和产品系统启动；发放入住授权，建筑物开始使用；业主给承包商准备竣工查核事项表；运营和维护培训完成；竣工计划提交；保用和保修条款开始生效；最终验收检查完成；最后的支付完成；最终成本报告和竣工时间表生成。虽然每个项目都要进行交付，但并不是每个项目都需要进行试运行。

试运行是这样一个系统化过程，这个过程确保和记录所有的系统和部件都能按照明细和最终用户要求，以及业主运营需要完成其相应功能。随着建筑系统越来越复杂，承包商越来越趋于专业化，传统的开启和验收方式已经被证明是不合适的了。根据美国建筑科学研究院的研究，一个经过试运行的建筑的运营成本要比没有经过试运行的减少8%～20%。比较而言，试运行的一次性投资大约是建造成本的0.5%～1.5%。

在传统的项目交付过程中，信息要求集中于项目竣工文档、实际项目成本、实际工期和计划工期的比较、备用部件、维护产品、设备和系统培训操作手册等，这些信息主要由施工团队以纸质文档形式进行递交。

使用项目试运行方法，信息需求来源于项目早期的各个阶段。最早的计划阶段定义了业主和设施用户的功能、环境和经济要求；设计阶段通过产品研究和选择、计算和分析、草稿和绘图、明细表及其他描述形式将需求转化为物理现实，这个阶段产生了大量信息并被传递到施工阶段。连续试运行概念要求从项目概念设计阶段就考虑试运行的信息要求，同时在项目发展的每个阶段随时收集这些信息。

5. 项目运营和维护阶段

虽然设计、施工和试运行等活动是在数年之内完成的，但是项目的生命周期可能会延伸到几十年甚至几百年，因此运营和维护是最长的阶段，当然也是花费成本最大的阶段。毋庸置疑，运营和维护阶段是能够从结构化信息递交中获益最多的阶段。

计算机维护管理系统和企业资产管理系统是两类分别从物理和财务角度进行设施运营和维护信息管理的软件产品。目前，自动从交付和试运行阶段为上述两类系统获取信息的能力还相当差，信息的获取还是主要依靠高成本、易出错的人工干预。

运营和维护阶段的信息需求包括设施的法律、财务和物理信息等各个方面，信息的使用者包括业主、运营商（包括设施经理和物业经理）、住户、供应商和其他服务提供商等。

物理信息，几乎完全来源于交付和试运行阶段设备和系统的操作参数，质量保证书，检查和维护计划，维护和清洁用的产品、工具、备件；法律信息，包括出租、区划和建筑编号、安全和环境法规等；财务信息，包括出租和运营收入、折旧计划、运维成本。此外，运维阶段也会产生信息，这些信息可以用来改善设施性能，以及支持设施扩建或清理的决策。运维阶段产生的信息包括运行水平、入住程度、服务请求、维护计划、检验报告、工作清单、设备故障时间、运营成本、维护成本等。最后，还有一些在运营和维护阶段对建筑物造成影响的项目，例如：住户增建、扩建、改建、系统或设备更新等，每一个这样的项目都有自己的生命周期、信息需求和信息源，实施这些项目最大的挑战就是根据项目变化来更新整个设施的信息库。

6. 处置

建筑物的处置有资产转让和拆除两种方式。如果出售，关键信息包括财务和物理性能数据：设施容量、出租率、土地价值、建筑系统和设备的剩余寿命、环境整治需求等。如果是拆除，需要的信息就包括需要拆除的材料数量和种类、环境整治需求、设备和材料的废品价值、拆除结构所需要的能量等，这里的有些信息需求可以追溯到设计阶段的计算和分析工作。

（二）BIM 的第二个维度——不同项目参与方

2007 年美国发布的国家 BIM 标准，对 BIM 能够对项目不同参与方和利益相关方能够带来的利益进行了如下说明。

① 业主：所有物业的综合信息，按时、按预算物业交付。

② 规划师：集成场地现状信息和公司项目规划要求。

③ 经纪人：场地或设施信息支持买入或卖出。

④ 估价师：设施信息支持估价。

⑤ 按揭银行：关于人口统计、公司、生存能力的信息。

⑥ 设计师：规划、场地信息和初步设计。

⑦ 工程师：从电子模型中输入信息到设计和分析软件。

⑧ 成本和工程量预算师：使用电子模型得到精确工程量。

⑨ 明细人员：从智能对象中获取明细清单。

⑩ 合同和律师：更精确的法律描述，无论应诉还是起诉都更精确。

⑪ 施工承包商：智能对象支持投标、订货及存储得到的信息。

⑫ 分包商：更清晰地沟通并提供和上述承包商同样的支持。

⑬ 预制加工商：使用智能模型进行数控加工。

⑭ 施工计划：使用模型优化施工计划和分析可建性问题。

⑮ 规范负责人（行业主管部门）：规范检查软件处理模型信息更快更精确。

⑯ 试运行：使用模型确保设施按设计要求建造。

⑰ 设施经理：提供产品、保修和维护信息。

⑱ 维修保养：确定产品进行部件维修或更换。

⑲ 翻修重建：最小化预料之外的情况及由此带来的成本。

⑳ 废弃和循环利用：更好地判断什么可以循环利用。

㉑ 范围、试验、模拟：数字化建造设施以消除冲突。

㉒ 安全和职业健康：知道使用了什么材料及相应的材料安全数据表。

㉓ 环境：为环境影响分析提供更好的信息。

㉔ 工厂运营：工艺流程三维可视化。

㉕ 能源：BIM 支持更多设计方案比较使得能源优化分析更易实现。

㉖ 安保：智能三维对象更好帮助发现漏洞。

㉗ 网络经理：三维实体网络计划对故障排除作用巨大。

㉘ CIO：为更好的商业决策提供基础，现有基础设施信息。

㉙ 风险管理：对潜在风险和如何避免及最小化有更好的理解。

㉚ 居住（使用）支持：可视化效果帮助找地方——非专业人士读懂平面图。

㉛ 第一反应人：及时和精确的信息帮助最小化生命和财产损失。

（三）BIM 的第三维度——不同应用层次

1. 社会形态法

这种方法通过项目成员之间应用 BIM 的关系把 BIM 应用由低到高划分为三个层次：孤立 BIM、社会 BIM 和亲密 BIM。

2. 拆字释义法

该方法通过对 BIM 三个字母不同含义的理解对 BIM 的应用层次进行描述，这里也把 BIM 应用分为三个层次，分别为：M——模型应用；I——信息集成；B——业务模式和业务流程优化。

3. 乾坤大挪移法

这个方法模拟乾坤大挪移的 7 个武功境界层次，把 BIM 应用的境界由低到高分为如下 7 个层次。

第 1 层：回归 3D。

第 2 层：协调综合。

第 3 层：4D、5D。

第 4 层：团队改造。

第 5 层：整合现场。

第 6 层：工业自动化。

第 7 层：打通产业链。

四、BIM 评级体系

在 CAD 刚刚开始应用的年代，也有类似的问题出现：一张只用 CAD 画

了轴网、其余还是手工画的图纸能称得上是一张CAD图吗？显然不能。那么一张用CAD画了所有线条，而用手工涂色块和根据校审意见进行修改的图是一张CAD图吗？答案当然是“yes”。虽然中间也会有一些比较难以说清楚的情况，但总体来看，判断是否是CAD的难度不大，甚至可以用一个百分比来把这件事情讲清楚：即这是一张百分之多少的CAD图。

同样一件事情，对BIM来说，难度就要大得多。事实上，目前有不少关于某个软件产品是不是BIM软件、某个项目的做法属不属于BIM范畴的争论和探讨一直存在并继续着。那么如何判断一个产品或者项目是否可以称得上是一个BIM产品或者BIM项目，如果两个产品或项目比较起来，哪一个的BIM程度更高或能力更强呢？美国国家BIM标准提供了一套以项目生命周期信息交换和使用为核心的可以量化的BIM评价体系，叫作BIM能力成熟度模型。

五、BIM与相关技术和方法

BIM对建筑业的绝大部分同行来说还是一种比较新的技术和方法，在BIM产生和普及应用之前及其过程中，建筑行业已经使用了不同种类的数字化及相关技术和方法，包括CAD、可视化、参数化、CAE、协同、BIM、IPD、VDC、精益建造、流程、互联网、移动通信、RHD等。

（一）BIM和CAD

BIM和CAD是两个天天要碰到的概念，因为目前工程建设行业的现状就是人人都在用着CAD。还有一个新东西叫作BIM，听到碰到的频率越来越高，而且用BIM的项目和人在慢慢多起来，这方面的资料也在慢慢多起来。

（二）BIM和可视化

可视化是创造图像、图表或动画来进行信息沟通的各种技巧，自从人类

出现以来，无论是沟通抽象的还是具体的想法，利用图画的可视化方法都已经成为一种有效的手段。

从这个意义上来说，实物的建筑模型、手绘效果图、照片、电脑效果图、电脑动画都属于可视化的范畴，符合“用图画沟通思想”的定义，但是二维施工图不是可视化，因为施工图本身只是一系列抽象符号的集合，是一种建筑业专业人士的“专业语言”，而不是一种“图画”，因此施工图属于“表达”范畴，也就是把一件事情的内容讲清楚，但不包括把一件事情讲得容易沟通。

当然，这里说的可视化是指电脑可视化，包括电脑动画和效果图等。有趣的是，大家约定俗成地对电脑可视化下的定义与维基百科的定义完全一致，也和建筑业本身有史以来的定义不谋而合。

如果把 BIM 定义为建设项目所有几何、物理、功能信息的完整数字表达或者称之为建筑物的 DNA，那么 2DCAD 平、立、剖面图纸可以比作是该项目的心电图、B 超和 X 光，而可视化就是这个项目特定角度的照片或者录像，即 2D 图纸和可视化都只是表达或表现了项目的部分信息，但不是完整信息。

在目前 CAD 和可视化作为建筑业主要数字化工具的时候，CAD 图纸是项目信息的抽象表达，可视化是对 CAD 图纸表达的项目部分信息的图画式表现。由于可视化需要根据 CAD 图纸重新建立三维可视化模型，因此时间和成本的增加及错误的发生就成为这个过程的必然结果。更何况 CAD 图纸是在不断调整和变化的，这种情形下，要让可视化的模型和 CAD 图纸始终保持一致，成本会非常高。一般情形下，效果图看完也就算了，不会去更新保持和 CAD 图纸一致。这也就是为什么目前情况下项目建成的结果和可视化效果不一致的主要原因之一。

使用 BIM 以后这种情况就变过来了。首先，BIM 本身就是一种可视化程度比较高的工具，而可视化是在 BIM 基础上的更高程度的可视化表现。其次，由于 BIM 包含了项目的几何、物理和功能等完整信息，可视化可以直接从 BIM 模型中获取需要的几何、材料、光源、视角等信息，不需要重新建立可视化模型，可视化的工作资源可以集中到提高可视化效果上来，而且可视化模型可以随着 BIM 设计模型的改变而动态更新，保证可视化与设计的一致性。最后，由于BIM信息的完整性及其与各类分析计算模拟软件的集成，拓展了可视化的表现范围，例如 4D 模拟、突发事件的疏散模拟、日照分析模拟等。

（三）BIM和参数化建模

1. 什么不是参数化建模

一般的CAD系统，确定图形元素尺寸和定位的是坐标，不是参数化。为了提高绘图效率，在上述功能基础上可以定义规则来自动生成一些图形，例如复制、阵列、垂直、平行等，也不是参数化。道理很简单，这样生成的两条垂直的线，其关系是不会被系统自动维护的，用户编辑其中的一条线，另外一条不会随之变化。在CAD系统基础上，开发对于特殊工程项目（如水池）的参数化自动设计应用程序，用户只要输入几个参数（如直径、高度），程序就可以自动生成这个项目的所有施工图、材料表等，这还不是参数化。有两点原因：第一，这个过程是单向的，生成的图形和表格已经完全没有智能属性（这个时候如果修改某个图形，其他相关的图形和表格不会自动更新）；第二，这种程序对能处理的项目限制极其严格，也就是说，嵌入其中的专业知识极其有限。为了使通用的CAD系统更好地服务于某个行业或专业，定义和开发面向对象的图形实体（被称之为“智能对象”），然后在这些实体中存放非几何的专业信息（如墙厚、墙高），这些专业信息可用于后续的统计分析报表等工作，仍然不是参数化，理由如下。

用户自己不能定义对象（例如，一扇新的门），这个工作必须通过 API 编程才能实现。

用户不能定义对象之间的关系（例如，把两个对象组装起来变成一个新的对象）。

非几何信息附着在图形实体（智能对象）上，几何信息和非几何信息本质上是分离的，因此需要专门的工作或工具来检查几何信息和非几何信息的

一致性和同步性，当模型大到一定程度以后，这个工作慢慢变成实际上的不可能。

2. 什么是参数化建模

参数化建模是用专业知识和规则（而不是几何规则，用几何规则确定的是一种图形生成方法，例如两个形体相交得到一个新的形体等）来确定几何参数和约束的一套建模方法。图形由坐标确定，这些坐标可以通过若干参数来确定。例如，要确定一扇窗的位置，可以简单地输入窗户的定位坐标，也可以通过几个参数来定位：如放在某段墙的中间、窗台高度 900 mm、内开，这样这扇窗在这个项目的生命周期中就跟这段墙发生了永恒的关系，除非被重新定义。而系统则把这种永恒的关系记录了下来。

宏观层面可以总结出参数化建模的如下几个特点。

第一，参数化对象是有专业性或行业性的，例如门、窗、墙等，而不是纯粹的几何图元。因此基于几何元素的 CAD 系统可以为所有行业所用，而参数化系统只能为某个专业或行业所用。

第二，这些参数化对象（在这里就是建筑对象）的参数是由行业知识来驱动的，例如，门窗必须放在墙里面，钢筋必须放在混凝土里面，梁必须要有支撑。

第三，行业知识表现为建筑对象的行为，即建筑对象对内部或外部刺激的反应，如层高变化楼梯的踏步数量自动变化。

第四，参数化对象对行业知识广度和深度的反应模仿能力决定了参数化对象的智能化程度，也就是参数化建模系统的参数化程度。

微观层面，参数化模型系统应该具备下列特点。

第一，可以通过用户界面（而不是像传统 CAD 系统那样必须通过 API 编程接口）创建形体，以及对几何对象定义和附加参数关系和约束，创建的形体可以通过改变用户定义的参数值和参数关系进行处理。

第二，用户可以在系统中对不同的参数化对象（如一堵墙和一扇窗）之间施加约束。

第三，对象中的参数是显式的，这样某个对象中的一个参数可以用来推导其他空间上相关对象的参数。

第四，施加的约束能够被系统自动维护（如两墙相交，一墙移动时，另一墙体需自动缩短或增长以保持与之相交）。

3. BIM 和参数化建模的关系

BIM 是一个创建和管理建筑信息的过程，而这个信息是可以互用和重复使用的。BIM 系统应该有以下几个特点：基于对象的；使用三维实体几何造型；具有基于专业知识的规则和程序；使用一个集成的中央数据库。

从理论上说，BIM 和参数化并没有必然联系，不用参数化建模也可以实现 BIM，但从系统实现的复杂性、操作的易用性、处理速度的可行性、软硬件技术的支持性等几个角度综合考虑，就目前的技术水平和能力来看，参数化建模是 BIM 得以真正成为生产力不可或缺的基础。

（四）BIM 和 CAE

简单地讲，CAE 就是国内同行常说的工程分析、计算、模拟、优化等软件，这些软件是项目设计团队决策信息的主要提供者。CAE 的历史比 CAD 早，当然更比 BIM 早，电脑的最早期应用事实上是从 CAE 开始的，包括历史上第一台用于计算炮弹弹道的 ENIAC 计算机，其工作就是 CAE。

CAE 涵盖的领域包括以下几个方面。

① 使用有限元法，进行应力分析，如结构分析。

② 使用计算流体动力学进行热和流体的流动分析，如风—结构相互作用。

③ 运动学，如建筑物爆破倾倒历时分析。

④ 过程模拟分析，如日照、人员疏散。

⑤ 产品或过程优化，如施工计划优化。

⑥ 机械事件仿真。

一个 CAE 系统通常由前处理、求解器和后处理三个部分组成，三者的主

要功能如下。前处理：根据设计方案定义用于某种分析、模拟、优化的项目模型和外部环境因素（统称为作用，例如荷载、温度等）。求解器：计算项目对于上述作用的反应（例如变形、应力等）。后处理：以可视化技术、数据 CAE 集成等方式把计算结果呈现给项目团队，作为调整、优化设计方案的依据。

目前大多数情况下，CAD 作为主要设计工具，CAD 图形本身没有或极少包含各类 CAE 系统所需要的项目模型非几何信息（如材料的物理、力学性能）和外部作用信息，在能够进行计算以前，项目团队必须参照 CAD 图形使用 CAE 系统的前处理功能重新建立 CAE 需要的计算模型和外部作用；在计算完成以后，需要人工根据计算结果用 CAD 调整设计，然后再进行下一次计算。

由于上述过程工作量大、成本过高且容易出错，因此大部分 CAE 系统只好被用作对已经确定的设计方案的一种事后计算，然后根据计算结果配备相应的建筑、结构和机电系统，至于这个设计方案的各项指标是否达到了最优效果，反而较少有人关心，也就是说，CAE 作为决策依据的根本作用并没有得到很好发挥。CAE 在 CAD 以及前 CAD 时代的状况，可以用一句话来描述：有心杀贼，无力回天。

由于 BIM 包含了一个项目完整的几何、物理、性能等信息，CAE 可以在项目发展的任何阶段从 BIM 模型中自动抽取各种分析、模拟、优化所需要的数据进行计算，这样项目团队根据计算结果对项目设计方案调整以后又立即可以对新方案进行计算，直到满意的设计方案产生为止。

因此可以说，正是 BIM 的应用给 CAE 带来了第二个春天（电脑的发明是 CAE 的第一个春天），让 CAE 回归了真正作为项目设计方案决策依据的角色。

（五）BIM 和 GIS

在地理信息系统（GIS）及以此为基础发展起来的领域中，有三个流行名词跟现在这个话题有关。对这三个流行名词，GIS：用起来不错；数字城市：听上去很美；智慧地球：离现实太远。

任何技术归根结底都是为人类服务的，人类基本上就两种生存状态：不是在房子里，就是在去房子的路上。抛开精确的定义，用最简单的概念进行划分，GIS 是管房子外面的（道路、燃气、电力、通信和供水），BIM（建筑信息模型）是管房子里面的（建筑、结构和机电）。

但是在 BIM 出现以前，GIS 始终只能待在房子外面，因为房子里面的信息是没有的。BIM 的应用让这个局面有了根本性的改变，而且这个改变的影响是双向的。

对 GIS 而言，由于 CAD 时代不能提供房子里面的信息，因此把房子画成一个实心的盒子天经地义。但是现在如果有人提供的不是 CAD 图，而是 BIM 模型呢？GIS 总不能把这些信息都扔了，还是用实心盒子代替房子吧？

对 BIM 而言，房子是在已有的自然环境和人为环境中建设的，新建的房子需要考虑与周围环境和已有建筑物的互相影响，不能只管房子里面的事情，而这些房子外面的信息在 GIS 系统里面早已经存在了，BIM 应该如何利用这些 GIS 信息避免重复工作，从而建设和谐的新房子呢？

BIM 和 GIS 的集成和融合能给人类带来的价值将是巨大的，方向也是明确的。但是从实现方法来看，无论在技术上还是管理上都还有许多需要讨论和解决的困难和挑战，至少有一点是明确的，简单地在 GIS 系统中使用 BIM 模型或者反之都不是解决问题的办法。

（六）BIM 和 BIM

工程建设项目的生命周期主要由两个过程组成：第一是信息过程；第二是物质过程。施工开始以前的项目策划、设计、招投标的主要工作就是信息的生产、处理、传递和应用；施工阶段的工作重点虽然是物质生产（把房子建造起来），但是其物质生产的指导思想却是信息（施工阶段以前产生的施工图及相关资料），同时伴随施工过程还在不断生产新的信息（材料、设备的明

细资料等)；使用阶段实际上也是一个信息指导物质使用（空间利用、设备维修保养等）和物质使用产生新的信息（空间租用信息、设备维修保养信息等）的过程。

BIM 的服务对象就是上述建设项目的信息过程，可以从三个维度进行描述。第一维度——项目发展阶段：策划、设计、施工、使用、维修、改造和拆除。第二维度——项目参与方：投资方、开发方、策划方、估价师、银行、律师、建筑师、工程师、造价师、专项咨询师、施工总包、施工分包、预制加工商、供货商、建设管理部门、物业经理、维修保养、改建扩建、拆除回收、观测试验模拟、环保、节能、空间和安全、网络管理、CIO、风险管理、物业用户等，据统计，一般高层建筑项目的合同数在 300 个左右，由此大致可以推断参与方的数量。第三维度——信息操作行为：增加、提取、更新、修改、交换、共享、验证等。在项目的任何阶段（例如设计阶段)，任何一个参与方（例如结构工程师)，在完成他的专业工作时（例如结构计算)，需要和 BIM 系统进行的交互可以描述如下。

首先，从 BIM 系统中提取结构计算所需要的信息（如梁柱墙板的布置、截面尺寸、材料性能、荷载、节点形式、边界条件等)。

其次，利用结构计算软件进行分析计算，利用结构工程师的专业知识进行比较决策，得到结构专业的决策结果（例如需要调整梁柱截面尺寸)。

最后，把上述决策结果（以及决策依据如计算结果等）返回增加或修改到 BIM 系统中。

而在这个过程中 BIM 需要自动处理好这样一些工作：每个参与方需要提取的信息和返回增加或修改的信息是不一样的，系统需要保证每个参与方增加或修改的信息在项目所有相关的地方生效，即保持项目信息的始终协调一致。

BIM 对建设项目的影响有多大呢？美国和英国的相应研究都认为这种系统的真正实施可以减少项目 30%～35%的建设成本。

虽然从理论上来看，BIM 并没有规定使用什么样的技术手段和方法，但是从实际能够成为生产力的角度来分析，下列条件将是 BIM 得以真正实现的基础。

需要支持项目所有参与方的快速和准确决策，因此这个信息一定是三维形象容易理解不容易产生歧义的；对于任何参与方返回的信息增加和修改必须自动更新整个项目范围内所有与之相关联的信息，非参数化建模不足以胜任；需要支持任何项目参与方专业工作的信息需要，系统必须包含项目的所有几何、物理、功能等信息。

对于数百甚至更多不同类型参与方各自专业的不同需要，没有一个单个软件可以完成所有参与方的所有专业需要，必须由多个软件去分别完成整个项目开发、建设、使用过程中各种专门的分析、统计、模拟、显示等任务，因此软件之间的数据互用必不可少。

建设项目的参与方来自不同的企业、不同的地域甚至讲不同的语言，项目开发和建设阶段需要持续若干年，项目的使用阶段需要持续几十年甚至上百年，如果缺少一个统一的协同作业和管理平台其结果将无法想象。

因此，也许可以这样说：BIM = BIM + 互用 + 协同。

（七）BIM 和 RFID

无线射频识别、电子标签（RFID）并不是什么新技术，在金融、物流、交通、环保、城市管理等很多行业都已经有广泛应用，远的不说，每个人的二代身份证就使用了 RFID。

从目前的技术发展状况来看，FID 还是一个正在成为现实的不远未来——物联网的基础元素，当然还有一个比物联网更“美好”的未来——智慧地球。互联网把地球上任何一个角落的人和人联系了起来，靠的是人的智慧和学习能力，因为人有大脑。但是物体没有人的大脑，因此物体（包括动物，应该说除人类以外的任何物体）无法靠纯粹的互联网联系起来。而 RFID 作为某一个物体带有信息的具有唯一性的身份证，通过信息阅读设备和互联网联系起来，就成为人与物和物与物相连的物联网。从这个意义来说，可以把 RFID

看作是物体的“脑”。影响建设项目按时、按价、按质完成的因素，基本上可以分为两大类。

由于设计和计划过程没有考虑到的施工现场问题（例如管线碰撞、可施工性差、工序冲突等），导致现场窝工、待工。这类问题可以通过建立项目的 BIM 模型进行设计协调和可施工性模拟，以及对施工方案进行 4D 模拟等手段，在电脑中把计划要发生的施工活动都虚拟地做一遍来解决。施工现场的实际进展和计划进展不一致，现场人员手工填写报告，管理人员不能实时得到现场信息，不到现场无法验证现场信息的准确度，导致发现问题和解决问题不及时，从而影响整体效率。BIM 和 RFID 的配合可以很好地解决这类问题。没有 BIM 以前，RFID 在项目建设过程中的应用主要限于物流和仓储管理，和 BIM 技术的集成能够让 RFID 发挥的作用大大超越传统的办公和财务自动化应用，直指施工管理中的核心问题——实时跟踪和风险控制。

RFID 负责信息采集的工作，通过互联网传输到信息中心进行信息处理，经过处理的信息满足不同需求的应用。如果信息中心用 Excel 表或者关系数据库来处理 RFID 收集来的信息，那么这个信息的应用基本上就只能满足统计库存、打印报表等纯粹数据操作层面的要求；反之，如果使用 BIM 模型来处理信息，在 BIM 模型中建立所有部品部件与 RFID 信息一致的唯一编号，那么这些部品部件的状态就可以通过 RFID 智能手机、互联网技术在 BIM 模型中实时地表示出来。

在没有 RFID 的情况下，施工现场的进展和问题依靠现场人员填写表格，再把表格信息通过扫描或录入的方式报告给项目管理团队，这样的现场跟踪报告实时吗？不可能。准确吗？不知道。在只使用 RFID，没有使用 BIM 的情况下，可以实时报告部品部件的现状，但是这些部品部件包含了整个项目的哪些部分？有了这些部品部件明天的施工还缺少其他的部品部件吗？是否有多余的部品部件过早到位而需要在现场积压比较长的时间呢？这些问题都不容易回答。

当 RFID 的现场跟踪和 BIM 的信息管理和表现结合在一起的时候，上述问题迎刃而解。部品部件的状况通过RFID的信息收集形成了BIM模型的4D模拟，现场人员对施工进度、重点部位、隐蔽工程等需要特别记录的部分，根据RFID传递的信息，把现场的照片资料等自动记录到BIM模型的对应部品部件上，管理人员对现场发生的情况和问题了如指掌。

第三节　国内外BIM技术应用现状研究

经过21世纪20余年的快速发展，BIM技术正在逐步成为城市建设和运营管理的主要支撑技术和方法之一，政府机构在这方面也同样具有很大的机会和潜力。

世界各国政府为提高城市规划、建设和运营管理的水平，一直致力于发展和应用信息化技术和方法，从20世纪90年代初期时任美国副总统的戈尔提出的“数字城市”发展到今天各国政府正在大力提倡的“智慧城市”，不断改进的信息技术在此过程中扮演了极其重要的角色。业界已熟知的CAD、GIS、VR等技术已被广泛地应用到“数字城市”和“智慧城市”的建设中。

随着BIM技术的不断成熟和各国政府的积极推进，以及配套技术（数据共享、数据集成、数据交换标准研究等）的不断完善，BIM已经成为和CAD、GIS同等重要的技术支撑，共同为“智慧城市”带来更多的可能性和生命力。

在当前阶段，通过学习借鉴国内外先进的BIM技术应用经验，结合我国实际应用环境，研究总结出BIM技术在我国政府机构的相关应用方法，对提高我国城市建设和管理水平具有战略意义。政府的BIM技术应用可以分为三个层面。

第一个层面的应用是指政府在城市公共基础设施的建设中，将BIM应用于具体的建设工程。

第二个层面的应用是指各政府职能部门颁布相应政策、法规，支持编制相关技术标准，引导行业应用BIM技术，并利用BIM技术提升行业精细化

管理水平。

第三个层面的应用是指各政府职能部门在 BIM 应用的基础之上，形成城市 BIM 数据库，构建“智慧城市”，为城市公共设施管理提供决策支持服务。

第一个层面的应用通过近 10 年的发展和积累已比较成熟，在欧美、日本及中国香港和中国大陆都形成了一定的应用规模，这种针对单个项目的应用模式，与建设机构的 BIM 应用很类似，其目的是通过 BIM 技术在建设工程全生命周期中，进行质量、成本、工期、安全运营的提升和优化。

第二个和第三个层面的应用将从城市建设管理层面角度出发，探讨城市管理者如何引导行业 BIM 应用，并最终形成城市工程建设的 BIM 数据库和标准库，为城市建设和运营管理提供技术支撑。目前这两个层面的应用只是在少数地区的城市政府有一些探索应用，例如，美国政府（联邦政府及少数州政府）、温哥华、柏林、伦敦、巴黎及广州的相关政府部门，总体来说也还处于探索和发展阶段。

当这两个阶段的应用不断成熟后，BIM 将与 CAD、GIS 等传统技术方法一起为构建“智慧城市”提供技术支撑。当形成了整个城市的“智慧”信息之后，就可以虚拟城市、进行专业分析，最终为城市管理者提供城市应急、城市发展决策依据。

一、国外 BIM 技术应用现状

（一）美国

美国是较早启动建筑业信息化研究的国家，发展至今，BIM 研究与应用都走在世界前列。目前，美国大多建筑项目已经开始应用 BIM，BIM 的应用点也种类繁多，而且存在各种 BIM 协会，也出台了各种 BIM 标准。根据麦克格劳·希尔的调研，2012 年工程建设行业采用 BIM 的比例从 2007 年的 28%增长至 71%。其中 74%的承包商已经在实施 BIM，超过了建筑师（70%）

及机电工程师（67%）。BIM的价值在不断被认可。

关于美国BIM的发展，不得不提到几大BIM的相关机构。

1. GSA

美国总务署负责美国所有的联邦设施的建造和运营。早在2003年，为了提高建筑领域的生产效率、提升建筑业信息化水平，GSA下属的公共建筑服务部门的首席设计师办公室推出了全国3D-4D-BIM计划。该计划的目标是为所有对3D-4D-BIM技术感兴趣的项目团队提供"一站式"服务，虽然每个项目功能、特点各异，0CA将帮助每个项目团队提供独特的战略建议与技术支持，目前0CA已经协助和支持了超过100个项目。

GSA要求，从2007年起，所有大型项目（招标级别）都需要应用BIM，最低要求是空间规划验证和最终概念展示都需要提交模型。所有GSA的项目都被鼓励采用3D技术，并且根据采用这些技术的项目承包商的应用程序不同，给予不同程度的资金支持。目前GSA正在探讨在项目生命周期中应用BIM技术，包括：空间规划验证、4D模拟，激光扫描、能耗和可持续发展模拟、安全验证等，并陆续发布各领域的系列BIM指南，并在官网提供下载，对于规范BIM在实际项目中的应用起到了重要作用。

GSA对BIM的强大宣传直接影响并提升了美国整个工程建设行业中BIM的应用。

2. USACE

美国陆军工程兵团（USACE）是公共工程、设计和建筑管理机构。2006年10月，USACE发布了为期15年的BIM发展路线规划，为USACE采用和实施BIM技术制定战略规划，以提升规划、设计、施工质量和效率。

其实在发布发展路线规划之前，USACE就已经采取了一系列的方式为BIM做准备了。USACE的第一个BIM项目是由西雅图分区设计和管理的一项无家眷军人宿舍项目，利用Bentley的BIM软件进行碰撞检查及算量分析。随后2004年11月，USACE路易维尔分区在北卡罗来那州的一个陆军预备役训练中心项目也实施了BIM。2005年3月，USACE成立了项目交付小组，

研究 BIM 的价值并为 BIM 应用策略提供建议。发展路线规划即 PDT 的成果。同时，USACE 还研究合同模板，制定合适的条款来促使承包商使用 BIM。此外，USACE 要求标准化中心在标准化设计中应用 BIM，并提供指导。

在发展路线规划的附录中，USACE 还发布了 BIM 实施计划，从 BIM 团队建设、BIM 关键成员的角色与培训、标准与数据等方面为 BIM 的实施提供指导。2010 年，USACE 又发布了适用于军事建筑项目分别基于 Autodesk 平台和 Bemley 平台的 BIM 实施计划，并在 2011 年进行了更新。适用于民事建筑项目的 BIM 实施计划还在研究制定当中。

3. BSA

BuildingSMART 联盟（BSA）是美国建筑科学研究院在信息资源和技术领域的一个专业委员会，BSA 致力于 BIM 的推广与研究，使项目所有参与者在项目全生命周期阶段能共享准确的项目信息。BIM 通过收集和共享项目信息与数据，可以有效地节约成本、减少浪费。因此，美国 BSA 的目标是在 2020 年之前，帮助建设部门减少 31%的浪费或者节约 4 亿美元。

BSA 下属的美国国家 BIM 标准项目委员会专门负责美国国家 BIM 标准的研究与制定。2007 年 12 月 NBIMS-US 发布了 NBIMS 第一版的第一部分，主要包括了关于信息交换和开发过程等方面的内容，明确了 BIM 过程和工具的各方定义、相互之间数据交换要求的明细和编码，使不同部门可以开发充分协商一致的 BIM 标准，更好地实现协同。2012 年 5 月，NBIMS-US 发布 NBIMS 第二版内容。NBIMS 第二版的编写过程采用了一个开放投稿（各专业 BIM 标准）、民主投票决定标准的内容，因此，也被称为是第一份基于共识的 BIM 标准。

除了 NBIMS 外，BSA 还负责其他的工程建设行业信息技术标准的开发与维护，包括：美国国家 CAD 标准的制定与维护，2011 年 5 月发布了第五版；施工运营建筑信息交换数据标准，2009 年 12 月发布国际 COBie 标准，以及设施管理交付模型视图定义格式等。

BIM 技术起源于美国 Chuck Eastman 博士于 20 世纪末提出的建筑计算机

模拟系统，根据 Chuck Eastman 博士的观点，BIM 是在建筑全生命周期对相关数据和信息进行制作和管理的流程。从这个意义上讲，BIM 可称为对象化开发或 CAD 的深层次开发，或者为参数化的 CAD 设计，即对二维 CAD 时代产生的信息孤岛进行再组织基础上的应用。

随着信息的不断扩展，BIM 模型也在不断地发展成熟。在不同阶段，参与者对 BIM 的需求关注度也不一样，而且数据库中的信息字段也可以不断扩展。因此，BIM 模型并非一成不变，从最开始的概念模型、设计模型到施工模型再到设施运维模型，一直不断成长。

美国是较早启动建筑业信息化研究的国家。在美国，首先是建筑师引领了早期的 BIM 实践，随后是拥有大量资金及较高风险意识的施工企业。当前，美国建筑设计企业与施工企业在 BIM 技术的应用方面旗鼓相当且相对比较成熟，而在其他工程领域的发展却比较缓慢。在美国，Chuck Eastman 认可的施工方面 BIM 技术应用包括：① 使用 BIM 进行成本估算；② 基于 4D 的计划与最佳实践；③ 碰撞检查中的创新方法；④ 使用手持设备进行设计审查和获取问题；⑤ 计划和任务分配中的新方法；⑥ 现场机器人的应用；⑦ 异地构件预制。

BIM 是从美国发展起来的，逐渐扩展到欧洲、日韩等发达国家，目前 BIM 在这些国家的发展态势和应用水平都达到了一定的程度，其中，又以美国的应用最为广泛和深入。

在美国，关于 BIM 的研究和应用起步较早。发展到今天，BIM 的应用已初具规模，各大设计事务所、施工公司和业主纷纷主动在项目中应用 BIM，政府和行业协会也出台了各种 BIM 标准。有统计数据表明，在 2009 年，美国建筑业 300 强企业中就有 80%以上都应用了 BIM 技术。

早在 2003 年，为了提高建筑领域的生产效率，支持建筑行业信息化水平的提升，美国总务署（GSA）推出了国家 3D-4D-BIM 计划，在 GSA 的实际建筑项目中挑选 BIM 试点项目，探索和验证 BIM 应用的模式、规则、流程等一整套全建筑生命周期的解决方案。所有 GSA 的项目被鼓励采用 BIM 技

术，并对采用这些技术的项目承包方根据应用程度的不同，给予不同程度的资金资助。从 2007 年起，GSA 开始陆续发布系列 BIM 指南，用于规范和引导 BIM 在实际项目的应用。

美国陆军工程兵团的 BIM 战略以最大限度和美国国家 BIM 标准（NBIMS）一致为准则，因此对 BIM 的认识也基于如下两个基本观点。

① BIM 模型是建设项目物理和功能特性的一种数字表达。

② BIM 模型作为共享的知识资源为项目全生命周期范围内各种决策提供一个可靠的基础。

规划认为在一个典型的 BIM 过程中，BIM 模型作为所有项目参与方不同建设活动之间进行沟通的主要方式，当 BIM 完全实施以后，将发挥如下价值。

① 提高设计成果的重复利用（减少重复设计工作）。

② 改善电子商务中使用的转换信息的速度和精度。

③ 避免不适当的成本数据共享。

④ 实现设计、成本预算、提交成果检查和施工的自动化。

⑤ 支持运营和维护活动。

在此基础上，美国陆军工程兵团的 BIM 十五年规划一共设置了六大战略目标。2007 年，美国建筑科学研究院（NIBS）发布美国国家 BIM 标准（NBIMS），旗下的 BuildingSMART 联盟负责研究 BIM，探讨通过应用 BIM 来提高美国建筑行业生产力的方法。

NIBS 是根据 1974 年的住房和社区发展法案由美国国会批准成立的非营利、非政府组织，作为建筑科学技术领域沟通政府和私营机构之间的桥梁，旨在通过支持建筑科学技术的进步，改善建筑环境与自然环境对应来为国家和公众利益服务。NIBS 集合政府、专家、行业、劳工和消费者的利益，专注于发现和解决影响既安全又支付得起的居住、商业和工业设施建设的问题和潜在问题。NIBS 同时为私营和公众机构就建筑科学技术的应用提供权威性的建议。

BuildingSMART 联盟是美国建筑科学研究院在信息资源和技术领域的一

个专业委员会，成立于2007年，是在原有的国际数据互用联盟建立起来的。2008年底，原有的美国CAD标准和美国BIM标准成员正式成为BuildingSMART联盟的成员。

前面已经提到，建筑业设计、施工的无用功和浪费高达57%，而制造业只有26%。BuildingSMART联盟认为通过改善提交、使用和维护建筑信息的流程，建筑行业完全有可能在2020年消除高出制造业的那部分浪费（31%）。按照美国2008年大约1.2万亿美元的设计、施工投入计算，这个数字就是每年将近4 000亿美元。BuildingSMART联盟的目标就是建立一种方法抓住这个每年4 000亿美元的机会，以及帮助应用这种方法通往一个更可持续的生活标准和更具生产力及环境友好的工作场所。

在美国BIM标准的现有版本中，主要包括了关于信息交换和开发过程等方面的内容。计划中，美国BIM标准将由为使用BIM过程和工具的各方定义，相互之间数据交换要求的明细和编码组成，主要包括以下几方面。

① 出版交换明细用于建设项目生命周期整体框架内的各个专门业务场合。

② 出版全球范围接受的公开标准下使用的交换明细编码作为参考标准。

③ 促进软件厂商在软件中实施上述编码。

④ 促进最终用户使用经过认证的软件来创建和使用可以互通的BIM模型交换。

2009年7月，美国威斯康星州成为第一个要求州内新建大型公共建筑项目使用BIM的州政府。威斯康星州国家设施部门发布实施规则，要求从2009年7月1日开始，州内预算在500万美元以上的所有项目和预算在250万美元以上的施工项目，都必须从设计开始就应用BIM技术。

在2009年8月，得克萨斯州设施委员会也宣布对州政府投资的设计和施工项目提出应用BIM技术的要求，并计划发展详细的BIM导则和标准。2010年9月，俄亥俄州政府颁布BIM协议。

（二）日本

在日本，BIM 应用已扩展到全国范围，并上升到政府推进的层面。日本的国土交通省负责全国各级政府投资工程，包括建筑物、道路等的建设、运营和工程造价的管理。国土交通省大臣官房（办公厅）下设官厅营缮部，主要负责组织政府投资工程建设、运营和造价管理等具体工作。

在 2010 年 3 月，国土交通省的官厅营缮部门宣布，将在其管辖的建筑项目中推进 BIM 技术，根据今后施行对象的设计业务来具体推行 BIM 应用。

在日本，有“2009 年是日本的 BIM 元年”之说。日本大量设计公司、施工企业开始应用 BIM，而日本国土交通省也在 2010 年 3 月表示：已选择一项政府建设项目作为试点，探索 BIM 在设计可视化、信息整合方面的价值及实施流程。

2010 年秋天，日本 BP 社调研了 517 位设计院、施工企业及相关建筑行业从业人士，了解他们对于 BIM 的认知度与应用情况。结果显示，BIM 的知晓度从 2007 年的 30.2%提升至 2010 年的 76.4%；2008 年采用 BIM 的最主要原因是 BIM 绝佳的展示效果，而 2010 年采用 BIM 主要用于提升工作效率。日本软件业较为发达，在建筑信息技术方面也拥有较多的国产软件。日本 BIM 相关软件厂商认识到：BIM 是多个软件来互相配合而达到数据集成的目的的基本前提。因此多家日本 BIM 软件商在 IAI 日本分会的支持下，以福井计算机株式会社为主导，成立了日本国国产解决方案软件联盟。

此外，日本建筑学会于 2012 年 7 月发布了日本 BIM 指南，从 BIM 团队建设、BIM 数据处理、BIM 设计流程、应用 BIM 进行预算、模拟等方面为日本的设计院和施工企业应用 BIM 提供了指导。

（三）韩国

在韩国，已有多家政府机关致力于 BIM 应用标准的制定，如韩国国土海洋部、韩国教育科学技术部、韩国公共采购服务中心等。

韩国公共采购服务中心（PPS）是韩国所有政府采购服务的执行部门。2010年4月，PPS发布了BIM路线图，内容包括：2010年，在1～2个大型工程项目应用BIM；2011年，在3～4个大型工程项目应用BIM；2012～2015年，超过500亿韩元大型工程项目都采用4D-BIM技术（3D+成本管理）；2016年前，全部公共工程应用BIM技术。2010年12月，PPS发布了《设施管理BIM应用指南》，针对设计、施工图设计、施工等阶段中的BIM应用进行指导，并于2012年4月对其进行了更新。

韩国主要的建筑公司已经都在积极采用BIM技术，如现代建设、三星建设、空间综合建筑事务所、大宇建设、GS建设、Daelim建设等公司。其中，Daelim建设公司应用BIM技术到桥梁的施工管理中，BMIS公司利用BIM软件digitalproject对建筑设计阶段及施工阶段的一体化的研究和实施等。

同时，BuildingSMART在韩国的分会表现也很活跃，正在和韩国的一些大型建筑公司和大学院校共同努力，致力于BIM在韩国建设领域的研究、普及和应用。

根据BuildingSMARTKorea与延世大学2010年的一份调研，问卷调查表共发给了89个AEC领域的企业，34个企业给出了答复：其中26个公司反映说他们已经在项目中采用了BIM技术，3个企业报告说他们正准备采用BIM技术，而4个企业反映说尽管他们的某些项目已经尝试BIM技术，但是还没有准备开始在公司范围内采用BIM技术。

（四）英国

2010年、2011年英国NBS组织了全英的BIM调研，从网上1 000份调研问卷中最终统计出英国的BIM应用状况。从统计结果可以发现：2010年，仅有13%的人在使用BIM，而43%的人从未听说过BIM；2011年，有31%的人在使用BIM，48%的人听说过BIM，而21%的人对BIM一无所知。还可以看出，BIM在英国的推广趋势十分明显，调查中有78%的人认同BIM是未来趋势，同时有94%的受访人表示会在5年之内应用BIM。

与大多数国家相比，英国政府强制要求使用 BIM。2011 年 5 月，英国内阁办公室发布了《政府建设战略》文件，其中关于建筑信息模型的章节中明确要求：到 2016 年，政府要求全面协同的 3D-BIM，并将全部的文件信息化管理。为了实现这一目标，文件制定了明确的阶段性目标，如 2011 年 7 月发布 BIM 实施计划；2012 年 4 月，为政府项目设计一套强制性的 BIM 标准；2012 年夏季，BIM 中的设计、施工信息与运营阶段的资产管理信息实现结合；2012 年夏天起，分阶段为政府所有项目推行 BIM 计划；至 2012 年 7 月，在多个部门确立试点项目，运用 3D-BIM 技术来协同交付项目。文件也承认由于缺少兼容性的系统、标准和协议，以及客户和主导设计师的要求存在区别，大大限制了 BIM 的应用。因此，政府将重点放在制定标准上，确保 BIM 链上的所有成员能够通过 BIM 实现协同工作。

政府要求强制使用 BIM 的文件得到了英国建筑业 BIM 标准委员会的支持。迄今为止，英国建筑业 BIM 标准委员会已于 2009 年 11 月发布了英国建筑业 BIM 标准，2011 年 6 月发布了适用于 Revit 的英国建筑业 BIM 标准，2011 年 9 月发布了适用于 Bentley 的英国建筑业 BIM 标准。这些标准的制定都为英国的 AEC 企业从 CAD 过渡到 BIM 提供切实可行的方案和程序，例如：如何命名模型、如何命名对象、单个组件的建模，与其他应用程序或专业的数据交换等。特定产品的标准是为了在特定 BIM 产品应用中解释和扩展通用标准中的一些概念。标准编委会成员均来自建筑行业，他们熟悉建筑流程，熟悉 BIM 技术，所编写的标准有效地应用于生产实际。

针对政府建设战略文件，英国内阁办公室于 2012 年起每年都发布《年度回顾与行动计划更新》报告。报告中分析本年度 BIM 的实施情况与 BIM 相关的法律、商务、保险条款及标准的制定情况，并制定近期 BIM 实施计划，促进企业、机构研究基于 BIM 的实践。

伦敦是众多全球领先设计企业的总部，如 Foster and Partners、Zaha Hadid Architects、BDP 和 Amp Sports；也是很多领先设计企业的欧洲总部，如 HOK、SOM 和 Gensler。在这样的环境下，其政府发布的强制使用 BIM 文件可以得

到有效执行。因此，英国的BIM应用处于领先水平，发展速度更快。

（五）新加坡

新加坡负责建筑业管理的国家机构是建筑管理署（BCA）。在BIM这一术语引进之前，新加坡当局就注意到信息技术对建筑业的重要作用。早在1982年，BCA就有了人工智能规划审批的想法；2000—2004年，发展CORENET项目，用于电子规划的自动审批和在线提交，研发了世界首创的自动化审批系统。2011年，BCA发布了新加坡BIM发展路线规划，规划明确推动整个建筑业在2015年前广泛使用BIM技术。为了实现这一目标，BCA分析了面临的挑战，并制定了相关策略，截至2014年底，新加坡已出台了多个清除BIM应用障碍的策略，包括：2010年BCA发布了建筑和结构的模板；2011年4月发布了BIM的模板；与新加坡BuildingSMART分会合作，制定了建筑与设计对象库，并发布了项目协作指南。为了鼓励早期的BIM应用者，BCA为新加坡的部分注册公司成立了BIM基金，鼓励企业在建筑项目上把BIM技术纳入其工作流程，并运用在实际项目中。BIM基金有以下用途：支持企业建立BIM模型，提高项目可视力及高增值模拟，提高分析和管理项目文件能力；支持项目改善重要业务流程，如在招标或者施工前使用BIM作冲突检测，达到减少工程返工量（低于10%）的效果，提高生产效率10%。

每家企业可申请总经费不超过10.5万新加坡元，涵盖大范围的费用支出，如培训成本、咨询成本、购买BIM硬件和软件等。基金分为企业层级和项目协作层级，公司层级最多可申请2万新元，用以补贴培训、软件、硬件及人工成本；项目协作层级需要至少2家公司的BIM协作，每家公司、每个主要专业最多可申请3.5万新元，用以补贴培训、咨询、软件、硬件和人力成本。申请的企业必须派员工参加BCA学院组织的BIM建模或管理技能课程。

在创造需求方面，新加坡决定政府部门必须带头在所有新建项目中明确提出BIM需求。2011年，BCA与一些政府部门合作确立了示范项目。BCA将强制要求提交建筑BIM模型（2013年起）、结构与机电BIM模型（2014

年起），并且最终在 2015 年前实现所有建筑面积大于 5 000 m^2 的项目都必须提交 BIM 模型的目标。

在建立 BIM 能力与产量方面，BCA 鼓励新加坡的大学开设 BIM 的课程、为毕业学生组织密集的 BIM 培训课程、为行业专业人士建立了 BIM 专业学位。

（六）北欧国家

北欧国家包括挪威、丹麦、瑞典和芬兰，是一些主要的建筑业信息技术的软件厂商所在地，如 Tekla 和 Solihri，而且对发源于匈牙利的 ArchiCAD 的应用率也很高。因此，这些国家是全球最早一批采用基于模型设计的国家，并且也在推动建筑信息技术的互用性和开放标准（主要指 IFC）。由于北欧国家冬季漫长多雪的地理环境，建筑的预制化显得非常重要，这也促进了包含丰富数据、基于模型的 BIM 技术的发展，使这些国家及早地进行了 BIM 部署。

与上述国家不同，北欧四国政府并未强制要求使用 BIM，但由于当地气候的要求及先进建筑信息技术软件的推动，BIM 技术的发展主要是企业的自觉行为。Senate Properties 是一家芬兰国有企业，也是芬兰最大的物业资产管理公司。2007 年，Senate Properties 发布了一份建筑设计的 BIM 要求，要求中规定："自 2007 年 10 月 1 日起，Senate Properties 的项目仅强制要求建筑设计部分使用 BIM，其他设计部分可根据项目情况自行决定是否采用 BIM 技术，但目标将是全面使用 BIM。"该要求还提出："在设计招标阶段将有强制的 BIM 要求，这些 BIM 要求将成为项目合同的一部分，具有法律约束力；建议在项目协作时，建模任务需创建通用的视图，需要准确的定义；需要提交最终 BIM 模型，且建筑结构与模型内部的碰撞需要进行存档；建模流程分为 4 个阶段：Spatial Group BIM、Spatial BIM、Preliminary Building Element BIM 和 Building Element BIM。"

二、国内 BIM 技术应用现状

根据国家“十四五”规划，建筑企业要着力增强智能化、BIM、大数据等信息技术集成应用能力。

BIM 在中国的施工企业中正处于快速发展阶段，在能充分利用 BIM 价值的较大型企业中尤其如此。

近来 BIM 在国内建筑业形成一股热潮，除了前期软件厂商的大声呼吁外，政府相关单位、各行业协会与专家、设计单位、施工企业、科研院校等也开始重视并推广 BIM。

早在 2010 年，清华大学通过研究，参考 NBIMS，结合调研提出了中国建筑信息模型标准框架，并且创造性地将该标准框架分为面向 IT 的技术标准与面向用户的实施标准。

2011 年 5 月，住房和城乡建设部发布的《2011—2015 年建筑业信息化发展纲要》中明确指出：在施工阶段开展 BIM 技术的研究与应用，推进 BIM 技术从设计阶段向施工阶段的应用延伸，降低信息传递过程中的衰减；研究基于 BIM 技术的 4D 项目管理信息系统在大型复杂工程施工过程中的应用，实现对建筑工程有效的可视化管理等。

2012 年 1 月，住房和城乡建设部《关于印发 2012 年工程建设标准规范制订修订计划的通知》宣告了中国 BIM 标准制定工作的正式启动，其中包含 5 项 BIM 相关标准：《建筑工程信息模型应用统一标准》《建筑工程信息模型存储标准》《建筑工程设计信息模型交付标准》《建筑工程设计信息模型分类和编码标准》《制造工业工程设计信息模型应用标准》。其中，《建筑工程信息模型应用统一标准》的编制采取“千人千标准”的模式，邀请行业内相关软件厂商、设计院、施工单位、科研院所等近百家单位参与标准研究项目、课题、子课题的研究。至此，工程建设行业的 BIM 热度日益高涨。

随后，关于 BIM 的相关政策进入了一个冷静期，即使没有 BIM 的专项

政策，政府在其他的文件中都会重点提出 BIM 的重要性与推广应用意向，如《住房和城乡建设部工程质量安全监管司 2013 年工作要点》明确指出，“研究 BIM 技术在建设领域的作用，研究建立设计专有技术评审制度，提高勘察设计行业技术能力和建筑工业化水平”；2013 年 8 月，住房和城乡建设部发布《关于征求关于推荐 BIM 技术在建筑领域应用的指导意见（征求意见稿）意见的函》，征求意见稿中明确，2016 年以前政府投资的 2 万平方米以上大型公共建筑以及省报绿色建筑项目的设计、施工采用 BIM 技术；截至 2020 年，完善 BIM 技术应用标准、实施指南，形成 BIM 技术应用标准和政策体系。

2014 年，各地方政府关于 BIM 的讨论与关注更加活跃，北京、广东、山东、陕西等各地区相继出台了各类具体的政策推动和指导 BIM 的应用与发展。

以 2014 年 10 月 29 日上海市政府《关于在本市推进建筑信息模型技术应用的指导意见》（以下简称《指导意见》）正式出台最为突出。《指导意见》由上海市人民政府办公厅发文，市政府 15 个分管部门参与制定 BIM 发展规划、实施措施，协调推进 BIM 技术应用推广，相比其他省市主管部门发布的指导意见，上海市 BIM 技术应用推广力度最强，决心最大。《指导意见》明确提出，要求 2017 年起，上海市投资额 1 亿元以上或单体建筑面积 2 万平方米以上的政府投资工程、大型公共建筑、市重大工程，申报绿色建筑、市级和国家级优秀勘察设计和施工等奖项的工程，实现设计、施工阶段技术应用。另外，上海市政府在其发布的指导意见中还提到，扶持研发符合工程实际需求、具有我国自主知识产权的 BIM 技术应用软件，保障建筑模型信息安全；加大产学研投入和资金扶持力度，培育发展 BIM 技术咨询服务和软件服务等国内龙头企业。

2016 年，住房和城乡建设部发布了《2016—2020 年建筑业信息化发展纲要》，提出要全面提高建筑业信息化水平。着力增强 BIM、大数据、智能化、移动通信、云计算、物联网等信息技术集成应用能力。

2017 年，住房和城乡建设部发布了《建筑业发展“十三五规划”》，提出要加快推进建筑信息模型（BIM）技术在规划、工程勘察设计、施工和运营维护全过程的集成应用，支持基于具有自主知识产权三维图形平台的国产 BIM 软件的研发和推广。

2021 年，《2021—2025 年建筑业信息化发展纲要》要求着力增强智能化、BIM、大数据等信息技术集成应用能力，建筑业的智能化、数字化、网络化要取得突破性进展，中国建筑业全面进入智能建造时代。

在我国，一向是亚洲潮流风向标的香港地区，BIM 技术已经广泛应用于各类型房地产开发项目中，并于 2009 年成立香港 BIM 学会。在中国大陆地区，可以了解到的状况如下。

① 大部分业内同行听到过 BIM。

② 对 BIM 的理解尚处于“春秋战国”时期，由于受软件厂商的“流毒”较深，有相当大比例的同行认为 BIM 只是换一种软件。

③ 有一定数量的项目和同行在不同项目阶段和不同程度上使用了 BIM，其中最值得关注的是，作为中国在建的第一高楼，上海中心项目对项目设计、施工和运营的全过程 BIM 应用进行了全面规划，成为第一个由业主主导，在项目全生命周期中应用 BIM 的标杆。

④ 建筑业企业（业主、地产商、设计、施工等）和 BIM 咨询顾问不同形式的合作是 BIM 项目实施的主要方式。

⑤ BIM 已经渗透到软件公司、BIM 咨询顾问、科研院校、设计院、施工企业、地产商等建设行业相关机构。

⑥ 行业协会方面，中国房地产业协会商业地产专业委员会率先在 2010 年组织研究并发布了《中国商业地产 BIM 应用研究报告》，用于指导和跟踪商业地产领域 BIM 技术的应用和发展。

⑦ 建筑业企业开始有对 BIM 人才的需求，BIM 人才的职业培训和学校教育已经逐步开始启动。

⑧ 建设行业现行法律、法规、标准、规范对 BIM 的支持和适应只有一小部分刚刚被提上议事日程，大部分还处于静默状态。

（一）BIM 在香港应用现状

香港的 BIM 发展也主要靠行业自身的推动。早在 2009 年，香港便成立了香港 BIM 学会。2010 年时，香港 BIM 学会主席梁志旋表示，香港的 BIM 技术应用目前已经完成从概念到实用的转变，处于全面推广的最初阶段。香港房屋署自 2006 年起，已率先试用 BIM；为了成功地推行 BIM，自行订立了 BIM 标准、用户指南、组建资料库等设计指引和参考。这些资料有效地为模型建立、管理档案及用户之间的沟通创造良好的环境。2009 年 11 月，香港房屋署发布了 BIM 应用标准。BIM 在香港的政府引领发展历程主要有三个阶段：2014—2016 年为鼓励阶段；2016—2017 年是指引阶段；2018 年至今是强制实施阶段。

（二）BIM 在中国台湾地区的应用现状

自 2008 年起，“BIM”这个名词在中国台湾地区的建筑营建业开始被热烈地讨论，各界对 BIM 的关注度也十分高。

早在 2007 年，台湾大学与 Autodesk 签订了产学合作协议，重点研究 BIM 及动态工程模型设计。2009 年，台湾大学土木工程系成立了“工程信息仿真与管理研究中心”（以下简称 BIM 研究中心），建立技术研发、教育训练、产业服务与应用推广的服务平台，促进 BIM 相关技术与应用的经验交流、成果分享、人才培训与产学研合作。为了调整及补充现有合同内容在应用 BIM 上之不足，BIM 中心与淡江大学工程法律研究发展中心合作，并在 2011 年 11 月出版了《工程项目应用建筑信息模型之契约模板》一书，并特别提供合同范本与说明，让用户能更清楚了解各项条文的目的、考虑重点与参考依据。高雄应用科技大学土木系也于 2011 年成立了工程资讯整合与模拟研究中心。此外，交通大学、台湾科技大学等对 BIM 进行了广泛的研究，极大地推动了中国台湾地区对于 BIM 的认知与应用。

该地区有几家公转民的大型工程顾问公司与工程公司，由于一直承接政

府大型公共建设，财力、人力资源雄厚，对于BIM有一定的研究并有大量的成功案例。2010年元旦，世曦工程顾问公司成立BIM整合中心；2011年9月，中兴工程顾问股份3D-BIM中心成立；此外，亚新工程顾问股份有限公司也成立了BIM管理及工程整合中心。小规模建筑相关单位，由于高昂的软件价格，对于BIM的软硬件投资有些踌躇不前，是目前民间企业BIM普及的重要障碍。

台湾当局层级对BIM的推动有两个方向。一方面，对于建筑产业界，希望其自行引进BIM应用，官方并没有具体的辅导与奖励措施。对于新建的公共建筑和公有建筑，工程发包监督都受公共工程委员会管辖，则要求在设计阶段与施工阶段都以BIM完成。另一方面，台北市、新北市、台中市，这3个市的建筑管理单位为了提高建筑审查的效率，正在学习新加坡的eSmmnision，致力于日后要求设计单位申请建筑许可时必须提交BIM模型，委托公共资讯委员会研拟编码工作，参照美国MasterFormat的编码，根据中国台湾地区性现况制作编码内容。

（三）BIM在中国大陆应用现状

近来BIM在中国大陆建筑业形成一股热潮，除了前期软件厂商的大声呼吁外，政府相关单位、各行业协会与专家、设计单位、施工企业、科研院校等也开始重视并推广BIM。

在行业协会方面，早在2010年和2011年，中国房地产业协会商业地产专业委员会、中国建筑业协会工程建设质量管理分会、中国建筑学会工程管理研究分会、中国土木工程学会计算机应用分会组织并发布了《中国商业地产BIM应用研究报告2010》和《中国工程建设BIM应用研究报告2011》，一定程度上反映了BIM在我国工程建设行业的发展现状。根据两届的报告，关于BIM的知晓程度从2010年的60%提升至2011年的87%。2011年，共有39%的单位表示已经使用了BIM相关软件，而其中以设计单位居多。

在科研院校方面，早在2010年，清华大学通过研究，参考NBIMS，结

合调研提出了中国建筑信息模型标准框架（CBIMS），并且创造性地将该标准框架分为面向 IT 的技术标准与面向用户的实施标准。

在产业界，前期主要是设计院、施工单位、咨询单位等对 BIM 进行一些尝试，业主对 BIM 的认知度也在不断提升。S0H0 董事长潘石屹已将 BIM 作为 S0H0 未来三大核心竞争力之一；万达、龙湖等大型房产商也在积极探索应用 BIM；上海中心、上海迪士尼等大型项目要求在全生命周期中使用 BIM，BIM 已经是企业参与项目的门槛；其项目中也逐渐将 BIM 写入招标合同，或者将 BIM 作为技术标的重要亮点。国内大中小型设计院在 BIM 技术的应用也日臻成熟，国内大型工、民用建筑企业也开始争相发展企业内部的 BIM 技术应用，山东省内建筑施工企业如青建集团股份、山东天齐集团、潍坊昌大集团等已经开始推广 BIM 技术应用。BIM 在国内的成功应用有奥运村空间规划及物资管理信息系统、南水北调工程、香港地铁项目等。目前来说，大中型设计企业基本上拥有了专门的 BIM 团队，有一定的 BIM 实施经验；施工企业起步略晚于设计企业，不过很多大型施工企业也开始了对 BIM 的实施与探索，并有一些成功案例；运维阶段目前的 BIM 还处于探索研究阶段。

我国建筑行业 BIM 技术应用正处于由概念阶段转向实践应用阶段的重要时期，越来越多的建筑施工企业对 BIM 技术有了一定的认识并积极开展实践，特别是 BIM 技术在一些大型复杂的超高层项目中得到了成功应用，涌现出一大批 BIM 技术应用的标杆项目。在这个关键时期，我国各省市相关部门出台了一系列政策推广 BIM 技术。

2014 年 10 月 29 日，上海市政府转发上海市建设管理委员会《关于在上海推进建筑信息模型技术应用的指导意见》（沪府办〔2014〕58 号）。首次从政府行政层面大力推进 BIM 技术的发展，并明确规定：2017 年起，上海市投资额 1 亿元以上或单体建筑面积 2 万平方米以上的政府投资工程、大型公共建筑、市重大工程，申报绿色建筑、市级和国家级优秀勘察设计、施工等奖项的工程，实现设计、施工阶段 BIM 技术应用；世博园区、虹桥商务区、国际旅游度假区、临港地区、前滩地区、黄浦江两岸 6 大重点功能区域内的

此类工程，全面应用 BIM 技术。

上海关于 BIM 的通知，做了顶层制度设计，规划了路线图，力度大、可操作性强，为全国 BIM 的推广做了示范，堪称“破冰”，在中国 BIM 界引来一片叫好声，也象征着住建部制定的《“十四五”信息化发展纲要》中明确提出的“着力增强智能化、BIM、大数据等信息技术集成应用能力”的要求正在被切实落实，BIM 逐渐成为建筑业发展的核心竞争力。

广东省住建厅 2014 年 9 月 3 日发出《关于开展建筑信息模型 BIM 技术推广应用的通知》（粤建科函〔2014〕1652 号），要求 2014 年底启动 10 项 BIM；2016 年底政府投资 2 万平方米以上公建及申报绿建项目的设计、施工应采用 BIM，省优良样板工程、省新技术示范工程、省优秀勘察设计项目在设计、施工、运营管理等环节普遍应用 BIM；2020 年底 2 万平方米以上建筑工程普遍应用 BIM。

深圳市住建局 2011 年 12 月公布的《深圳市勘察设计行业十二五专项规划》提出，“推广运用 BIM 等新兴协同设计技术”。为此，深圳市成立了深圳工程设计行业 BIM 工作委员会，编制出版《深圳市工程设计行业 BIM 应用发展指引》，牵头开展 BIM 应用项目试点及单位示范评估；促使将 BIM 应用推广计划写入政府工作白皮书和《深圳市建设工程质量提升行动方案（2014—2018 年）》中。深圳市建筑工务署根据 2013 年 9 月 26 日深圳市政府办公厅发出的《智慧深圳建设实施方案（2013—2015 年）》的要求，全面开展 BIM 应用工作，前期确定创投大厦、孙逸仙心血管医院、莲塘口岸等为试点工程项目。2014 年 9 月 5 日，深圳市决定在全市开展为期 5 年的工程质量提升行动，将推行首席质量官制度、新建建筑 100%执行绿色建筑标准；在工程设计领域鼓励推广 BIM 技术，力争 5 年内 BIM 技术在大中型工程项目覆盖率达到 10%。

山东省政府办公厅 2014 年 9 月 19 日发布的《关于进一步提升建筑质量的意见》要求，推广 BIM 技术。

工程建设是一个典型的具备高投资与高风险要素的资本集中过程，一个

质量不佳的建筑工程不仅造成投资成本的增加，还将严重影响运营生产，工期的延误也将带来巨大的损失。BIM 技术可以改善因不完备的建造文档、设计变更或不准确的设计图纸而造成的每一个项目交付的延误及投资成本的增加。它的协同功能能够支持工作人员在设计的过程中看到每一步的结果，并通过计算检查建筑是否节约了资源，或者说利用信息技术来考虑，对节约资源产生多大的影响。它不仅使得工程建设团队在实物建造完成前预先体验工程，更产生一个智能的数据库，提供贯穿于建筑物整个生命周期中的支持。它能够让每一个阶段都更透明、预算更精准，更可以被当作预防腐败的一个重要工具，特别是运用在政府工程中。值得一提的是中国第一个全 BIM 项目——总高 632 m 的“上海中心”，通过 BIM 提升了规划管理水和建设质量，据有关数据显示，其材料损耗从原来的 3%降低到万分之一。

但是，如此“万能”的 BIM 正在遭遇发展的瓶颈，并不是所有的企业都认同它所带来的经济效益和社会效益。

现在面临的一大问题是 BIM 标准缺失。目前，BIM 技术的国家标准还未正式颁布施行，寻求一个适用性强的标准化体系迫在眉睫。应该树立正确的思想观念：BIM 技术 10%是软件，90%是生产方式的转变。BIM 的实质是在改变设计手段和设计思维模式。虽然资金投入大，成本增加，但是只要全面深入分析产生设计 BIM 应用效率成本的原因和把设计 BIM 应用质量效益转换为经济效益的可能途径，再大的投入也值得。技术人员匮乏，是当前 BIM 应用面临的另一个问题，现在国内在这方面仍有很大缺口。地域发展不平衡，北京、上海、广州、深圳等工程建设相对发达的地区，BIM 技术有很好的基础，但在东北、内蒙古、新疆等地区，设计人员对 BIM 却知之甚少。

随着技术的不断进步，BIM 技术也和云平台、大数据等技术产生交叉和互动。上海市政府就对上海现代建筑设计（集团）有限公司提出要求：建立 BIM 云平台，实现工程设计行业的转型。据了解，该 BIM 云计算平台涵盖二维图纸和三维模型的电子交付，2017 年试点 BIM 模型电子审查和交付。现代集团和上海市审图中心已经完成了“白图替代蓝图”及电子审图的试点工作。同时，云平台已经延伸到BIM协同工作领域，结合应用虚拟化技术，为BIM协同设计及电子交付提供安全、高效的工作平台，适合市场化推广。

三、BIM相关标准、学术与辅助工具研究现状

（一）BIM相关标准研究

建筑对象的工业基础类数据模型标准是由国际协同联盟在1995年提出的标准，该标准是为了促成建筑业中不同专业，以及同一专业中的不同软件可以共享同一数据源，从而达到数据的共享及交互。

目前不同软件的信息共享与调用主要是由人工完成的，解决信息共享与调用问题的关键在于标准。有了统一的标准，也就有了系统之间交流的桥梁和纽带，数据自然在不同系统之间流转起来。作为BIM数据标准，IFC在国际上已日趋成熟，在此基础上，美国提出了NBIMS标准。中国建筑标准设计研究院提出了适用于建筑生命周期各个阶段内的信息交换及共享的JG/T198—2007标准，该标准参照国际IFC标准，规定了建筑对象数字化定义的一般要求，资源层、核心层及交互层。2008年由中国建筑科学研究院、中国标准化研究院等单位共同起草了工业基础类平台规范（国家指导性技术文件）。此标准相对于IFC在技术和内容上保持一致，并根据我国国家标准制定相关要求，旨在将其转换成我国国家标准。

清华大学软件学院在欧特克中国研究院（ACRD）的支持下开展中国BIM标准的研究，BIM标准研究课题组于2009年3月正式启动，旨在完成中国建筑信息模型标准（CBIMS）的研究。同时，为进一步开展中国建筑信息模型标准的实证研究，清华大学软件学院与CCDI集团签署BIM研究战略合作协议，CCDI集团成为“清华大学软件学院BIM课题研究实证基地”。马智亮教授等对比了IFC标准和现行的成本预算方法及标准，为IFC标准在我国成本预算中的应用提出了解决方案。邓雪原等研究了设计各专业之间信息的互

用问题，并以 IFC 标准为基准，提出了可以将建筑模型与结构模型很好结合的基本方法。张晓菲等在阐述 IFC 标准的基础上，重点强调了 IFC 标准在基于 BIM 的不同软件系统之间信息传递中发挥的重要作用，指出 IFC 标准有效地实现了建筑业不同应用系统之间的数据交换和建筑物全生命周期管理。

2012 年 1 月，住建部《关于印发 2012 年工程建设标准规范制订修订计划的通知》宣告了中国 BIM 标准制定工作的正式启动，其中包含 5 项 BIM 相关标准:《建筑工程信息模型应用统一标准》《建筑工程信息模型存储标准》《建筑工程设计信息模型交付标准》《建筑工程设计信息模型分类和编码标准》和《制造工业工程设计信息模型应用标准》。其中，《建筑工程信息模型应用统一标准》的编制采取“千人千标准”模式，邀请行业内相关软件厂商、设计院、施工单位、科研院所等近百家单位，参与标准的项目、课题、子课题的研究。至此，工程建设行业的 BIM 热度日益高涨。

2016 年 12 月，住建部发布国家标准 GB/T 51212—2016《建筑信息模型应用统一标准》，对 BIM 在工程项目全生命周期的各个阶段建立、共享和应用进行了统一规定。

2017 年 5 月，住建部发布国家标准 GB/T 51235—2017《建筑信息模型施工应用标准》，规定了在施工中如何应用 BIM，以及如何向他人交付施工模型信息。

2019 年 5 月，住建部发布国家标准 GB/T 51362—2019《制造工业工程设计信息模型应用标准》，此标准是制造工业工程设计领域的第一部信息模型应用标准，主要参照国家 IDM 标准，面向制造业工厂，规定了在设计、施工运维等各阶段 BIM 的应用。

总之，关于 BIM 标准的研究为实现中国自主知识产权的 BIM 系统工程奠定坚实基础。

（二）BIM 相关学术研究

相关学者在阐述 BIM 技术优势的基础上，研究了钢结构 BIM 三维可视化信息、制造业信息及分析信息的集成技术，并在 Autodesk 平台上，选用

ObjectARX 技术开发了基于上述信息的轻钢厂房结构、重钢厂房结构及多高层钢框架结构 BIM 软件，实现了 BIM 与轻、重钢厂房和高层钢结构工程的各个阶段的数据接口。也有学者构建了一种主要涵盖建筑和结构设计阶段的信息模型集成框架体系，该体系可初步实现建筑、结构模型信息的集成，为研发基于 BIM 技术的下一代建筑工程软件系统奠定了技术基础。相关的 BIM 研究小组深入分析了国内外现行建筑工程预算软件的现状，并基于 BIM 技术提出了我国下一代建筑工程预算软件框架。同时还建立了基于 IFC 标准和 IDF 格式的建筑节能设计信息模型，然后基于该模型，建立并实现了由节能设计 IFC 数据生成 IDF 数据的转换机制。该转换机制为开发基于 BIM 的我国建筑节能设计软件奠定了基础。

还有学者进行了多项研究，主要有以下几项成果：建立了施工企业信息资源利用概念框架，建立了基于 IFC 标准的信息资源模型并成功将 IFC 数据映射形成信息资源，最后设计开发了施工企业信息资源化利用系统 IRS；在 C++语言开发环境下，研制了一种可以灵活运用 BIM 软件开发的三维图形交互模块 3DGI，并进行了实际应用。曾旭东教授研究了 BIM 技术在建筑节能设计领域的应用，提出将 BIM 技术与建筑能耗分析软件结合进行设计的新方法；通过结合 BIM 技术和成熟的面向对象建筑设计软件 ABD，研究了构建基于 BIM 技术为特征的下一代建筑工程应用软件等技术；利用三维数据信息可视化技术实现了以《绿色建筑评价标准》为基础的绿色建筑评价功能；从建筑软件开发的角度对 BIM 软件的集成方案进行初步研究，从接口集成和系统集成两大方面总结了 BIM 软件集成所要面临的问题；研究了基于 BIM 的可视化技术，并应用于实际工程中；将 BIM 技术应用于混凝土截面时效非线性分析中，开发了基于 BIM 技术的混凝土截面时效非线性分析软件。

（三）BIM 辅助工具研究

在美国，很多 BIM 项目在招标和设计阶段已使用基于 BIM 的三维模型进行管理，而且更注重 BIM 模型与现场数据的交互，采用较多的技术有激光

定位、无线射频技术和三维激光扫描技术。目前国内一些单位也开始积极使用新技术，进一步加深 BIM 模型与现场数据的交互。

1. 激光定位技术

目前，国内的放线更多采用传统测绘方式，在美国也有部分地方用 Trimble 激光全站仪，在 BIM 模型中选定放线点数据和现场环境数据，然后将这些数据上传到手持工作端。运行放线软件，使工作端与全站仪建立连接，用全站仪定位放线点数据，手持工作端选择定位数据并可视化显示，实现放线定位，将现场定位数据和报告传回 BIM 模型，BIM 模型集成现场定位数据。

2. 无线射频技术（RFID）

该技术目前被用来定位人和现场材料，对人的定位主要还在研究阶段。RFID 安全帽在工地上不受工人们的欢迎，但是，材料的定位和 BIM 模型集成已经相对成熟。有的工地上，钢筋绑着条形码标签，材料在出厂、进场和安装前进行条形码扫描，成本并不高，扫描后的信息可以直接集成到 BIM 模型中，这些信息可以节省人工统计和录入报表的时间，而且可以根据这些信息来组织和优化场地布置、塔吊使用计划和采购及库存计划。

3. 三维激光扫描技术

已有美国承包商根据 3D 激光扫描仪作实时的数据采集，根据扫描的点云模型，可以绘制施工现场建筑进度现状。点云模型技术在监测地下隧道施工中应用较多。根据点云模型自动识别生成实际施工模型会存在误差，如果建模人员对 BIM 模型非常熟悉，则可根据点云数据进行手动绘制，结果更准确，这样可以直观地看到当前形象进度与计划形象进度间差异。

四、BIM 在我国的推广应用与发展阻碍

（一）国家政府部门推动 BIM 技术的发展应用

“十五”期间科技攻关计划的研究课题“基于 IFC 国际标准的建筑工程应

用软件研究”重点在对 BIM 数据标准 IFC 和应用软件的研究上，并开发了基于 IFC 的结构设计和施工管理软件。

“十一五”期间，科技部制定国家科技支撑计划重点项目《建筑业信息化关键技术研究与应用》，基于项目的总体目标，重点开展以下 5 个方面的研究与开发工作。

① 建筑业信息化标准体系及关键标准研究。

② 基于 BIM 技术的下一代建筑工程应用软件研究。

③ 勘察设计企业信息化关键技术研究与应用。

④ 建筑工程设计与施工过程信息化关键技术研究与应用。

⑤ 建筑施工企业管理信息化关键技术研究与应用。

2012 年，住房和城乡建设部印发《2011—2015 年建筑业信息化发展纲要》（以下简称《纲要》），《纲要》提出，“十二五”期间，普及建筑企业信息系统的应用，加快建设信息化标准，加快推进 BIM、基于网络的协同工作等新技术的研发，促进具有自主知识产权软件的研究并将其产业化，使我国建筑企业对信息技术的应用达到国际先进水平。该纲要明确指出：在施工阶段开展 BIM 技术的研究与应用，推进 BIM 技术从设计阶段向施工阶段的应用延伸，降低信息传递过程中的衰减；研究基于 BIM 技术的 4D 项目管理信息系统在大型复杂工程施工过程中的应用，实现对建筑工程有效的可视化管理等。可以说，《纲要》的颁布，拉开了 BIM 技术在我国施工企业全面推进的序幕。

2012 年 3 月，由住房和城乡建设部工程质量安全监管司组织，中国建筑科学研究院、中国建筑业协会工程建设质量管理分会等实施的《勘察设计和施工 BIM 技术发展对策研究》课题启动，以期探讨施工领域 BIM 发展现状、分析 BIM 技术的价值及其对建筑业产业技术升级的意义，为制定我国勘察设计与施工领域 BIM 技术发展对策提供帮助。

2012 年 3 月 28 日，中国 BIM 发展联盟成立会议在北京召开。中国 BIM 发展联盟旨在推进我国 BIM 技术、标准和软件协调配套发展，实现技术成果的标准化和产业化，提高企业核心竞争力，并努力为中国 BIM 的应用提供支

撑平台。

2012 年 6 月 29 日，由中国 BIM（建筑信息模型）发展联盟、国家标准《建筑工程信息模型应用统一标准》编制组共同组织、中国建筑科学研究院主办的中国 BIM 标准研究项目发布暨签约会议在北京隆重召开。中国 BIM 标准研究项目实施计划将为由住房城乡建设部批准立项的国家标准《建筑工程信息模型应用统一标准》的最后制定和施行打下坚实的基础。

2013 年 4 月，住建部又准备正式出台《关于推进 BIM 技术在建筑领域应用的指导意见》等纲领性文件，对加快 BIM 技术应用的指导思想和基本原则以及发展目标、工作重点、保障措施等方面做出了更加细致的阐述和更加具体的安排。文件要求在 2016 年前，政府投资的 2 万平方米以上的大型公共建筑及申报绿色建筑项目的设计、施工采用 BIM 技术，到 2020 年，在上述项目中全面实现 BIM 技术的集成应用。

2016 年住建部发布《2016—2020 年建筑业信息化发展纲要》，BIM 成为“十三五”期间建筑业重点推广的五大信息技术之首。住房和城乡建设部于 2016 年 12 月 2 日发布第 1380 号公告，批准《建筑信息模型应用统一标准》为国家标准，编号为 GB/T 51212—2016，自 2017 年 7 月 1 日起实施。2018 年以来，各地纷纷出台了落地政策，BIM 类政策呈现出了非常明显的地域和行业扩散。2019 年关于 BIM 政策的发文更加频繁。

“十四五”期间，国家进一步出台有关 BIM 的政策文件，2021 年住建部发布《2021—2025 年建筑业信息化发展纲要》提出：“十四五”期间，着力增强智能化、BIM、大数据等信息技术集成应用能力。2022 年 11 月，科技部和住建部联合印发《“十四五”城镇化与城市发展科技创新专项规划》，将加强智能建造和智慧运维核心技术装备研发列为重点任务。

（二）科研机构、行业协会等推动 BIM 技术的集成应用

2004 年，中国首个建筑生命周期管理（BIM）实验室在哈尔滨工业大学成立，并召开 BIM 国际论坛会议。清华大学、同济大学、华南理工大学在

2004—2005年先后成立BIM实验室及BIM课题组，BIM正是BIM技术的一个应用领域。国内先进的建筑设计团队和房地产公司也纷纷成立BIM技术小组，如清华大学建筑设计研究院、中国建筑设计研究院、中国建筑科学研究院、中建国际建设有限公司、上海现代建筑设计集团等。2008年，中国BIM门户网站（www.chmabim.com）成立，该网站以“推动发展以BIM为核心的中国土木建筑工程信息化事业”为宗旨，是一个为BIM技术的研发者、应用者提供信息资讯、发展动态、专业资料、技术软件以及交流沟通的平台。2010年1月，欧特克有限公司与中国勘察设计协会共同举办了首届“创新杯”BIM设计大赛，推动建筑行业更广泛、深入地应用BIM技术。

2011年，华中科技大学成立BIM工程中心，成为首个由高校牵头成立的专门从事BIM研究和专业服务咨询的机构。2012年5月，全国BIM技能等级考评工作指导委员会成立大会在北京友谊宾馆举办，会议颁发了“全国BIM技能等级考评工作指导委员会”委员聘书。2012年10月，由Revit中国用户小组主办、全球二维和三维设计、工程及娱乐软件的领导者欧特克有限公司支持、建筑行业权威媒体承办的首届“雕龙杯”Revit中国用户BIM应用大赛圆满落幕。该赛事以Revit用户为基础，针对广大BIM爱好者、研究者及工程专家在项目实施、软件应用心得和经验等方面内容而举办。

（三）行业需求推动BIM技术的发展应用

目前，我国正在进行着世界上最大规模的基础设施建设，工程结构形式愈加复杂、超型工程项目层出不穷，使项目各参与方都面临着巨大的投资风险、技术风险和管理风险。要从根本上解决建筑生命周期各阶段和各专业系统间信息断层问题，应用BIM技术，从设计、施工到建筑全生命周期管理全面提高信息化水平和应用效果。国家体育场、青岛海湾大桥、广州西塔等工程项目成功实现4D施工动态集成管理，并获2009年、2010年华夏建设科学技术一等奖。上海中心项目工程总承包招标，明确要求应用BIM技术。这些大型工程项目对BIM的应用与推广，引起了业主、设计、施工等企业的高度

关注，因此必将推动 BIM 技术在我国建筑业的发展和应用。

（四）BIM 发展阻碍

我国工程建设业从 2002 年以后开始接触 BIM 理念和技术，现阶段国内 BIM 技术的应用以设计单位为主，远不及美国的发展水平及普及程度，整体上仍处于起步阶段，远未发挥出其全生命周期的应用价值。对比中外建筑业 BIM 发展的关键阻碍因素，可发现中国的阻碍因素具有如下七个特点。

① 缺乏政府和行业主管部门的政策支持。我国建筑企业中国有大型建筑企业占据主导地位，其在新技术引入时往往比较被动，BIM 技术作为革命性技术，目前尚处于前期探索阶段，企业难以从该技术的推广应用中获取效益。从目前的政府推动力度来看，政府和行业主管部门往往只提要求，不提或很少提政策扶持，资金投入基本由企业自筹，严重影响了企业应用 BIM 技术的积极性。

② 缺少完善的技术规范和数据标准。BIM 技术的应用主要包括设计阶段、建造阶段及后期的运营维护阶段，只有三个阶段的数据实现共享交互，才能发挥 BIM 技术的价值。国内 BIM 数据交换标准、BIM 应用能力评估准则和 BIM 项目实施流程规范等标准的不足，使得国内 BIM 的应用或局限于二维出图、三维翻模的设计展示型应用，或局限于原来设计、造价等专业软件的孤岛式开发，造成了行业对 BIM 技术能否产生效益的困惑。

③ BIM 系列软件技术发展缓慢。现阶段 BIM 软件存在一些弱点：本地化不够彻底，工种配合不够完善，细节不到位，特别是缺乏本土第三方软件的支持。国内目前基本没有自己的 BIM 概念的软件，鲁班、广联达等软件仍然是以成本为主业的专项软件，而国外成熟软件的本土化程度不高，不能满足建筑从业者技术应用的要求，严重制约了我国从业人员对于 BIM 软件的使用。软件的本地化工作，除原开发厂商结合地域特点增加自身功能特色之外，本土第三方软件产品也会在实际应用中发挥重要作用。2D 设计方面，在我国建筑、结构、设备各专业实际上均在大量使用国内研发的基于 AutoCAD 平台

的第三方工具软件，这种产品大幅提高了设计效率，推广BIM应借鉴这些宝贵经验。

④ 机制不协调。BIM应用不仅带来技术风险，还影响到设计工作流程。因此，设计应用BIM软件不可避免地会在一段时间内影响到个人及部门利益，并且一般情况下设计无法获得相关的利益补偿。因此，在没有切实的技术保障和配套管理机制的情况下，强制单位或部门推广BIM并不现实。另外，由于目前的设计成果仍以2D图纸表达，BIM技术在2D图纸成图方面仍存在着一定细节表达不规范的现象。因此，一方面应完善BIM软件的2D图档功能，另一方面国家相关部门也应该结合技术进步，适当改变传统的设计交付方式及制图规范，甚至能做到以3DBIM模型作为设计成果载体。

⑤ 人才培养不足。建筑行业从业人员是推广和应用BIM技术的主力军，但由于BIM技术学习的门槛较高，尽管主流BIM软件一再强调其易学易用性，但实际上相对2D设计而言，BIM软件培训仍有难度，对于一部分设计人员来说熟练掌握BIM软件并不容易。另外，复杂模型的创建甚至要求建筑师具备良好的数学功底及一定的编程能力，或有相关CAD程序工程师的配合，这在无形中也提高了BIM的应用难度。加之很多从业人员在学习新技术方面的能力和意愿不足，严重影响了BIM技术的推广，并且国内BIM技术培训体系不完善、力度不足，实际培训效果也不理想。

⑥ 任务风险。我国普遍存在着项目设计周期短、工期紧张的情况，BIM软件在初期应用过程中，不可避免地会存在技术障碍，这有可能导致设计师无法按期完成设计任务。

⑦ BIM技术支持不到位。BIM软件供应商不可能对客户提供长期而充分的技术支持。通常情况下，最有效的技术支持是在良好的成规模的应用环境中客户之间的相互学习，而环境的培育需要时间和努力。各设计单位首先应建立自己的BIM技术中心，以确保本单位获得有效的技术支持。这种情况在一些实力较强的设计院所应率先实现，这也是有实力的设计公司及事务所的通常做法。在越来越强调分工协作的今天，BIM技术中心将成为必不可少

的保障部门。

（五）我国 BIM 发展建议

BIM 技术被认为是一项能够突破建筑业生产效率低和资源浪费等问题的技术，是目前全球建筑业最关注的信息化技术。我国工程建设业从 2002 年以后开始接触 BIM 理念和技术，现阶段国内 BIM 技术的应用以设计单位为主，远不及美国的发展水平和普及程度，整体上仍处于起步阶段，远未发挥出其全生命周期的应用价值。当前国内各类 BIM 咨询企业、培训机构、政府及行业协会也越来越重视 BIM 的应用价值和意义，国内先进的建筑设计单位等亦纷纷成立 BIM 技术小组，积极开展建筑项目全生命周期各阶段 BIM 技术的研究与应用。借鉴美国的发展经验，可从以下几点着手。

首先，从政府的角度来说，需要关注两方面的工作。一是建立公平、公正的市场环境，在市场发展不明朗的时刻，标准和规范应该缓行。标准、规范的制定应总结成功案例的经验，否则制定的标准即为简单的、低层次的引导，反而会引发出一些问题。目前市场情况，设计阶段 BIM 应用时间长，施工阶段相对较少，运维阶段应用则几乎没有，如果过早制定标准、规范，反而会影响市场的正常运转，或者这样的规范和标准无人理会。另外，在标准和规范制定过程中，负责人不应出自有利害关系的商业组织，而应该来自比较中立的高校、行业协会等。只有做到组织公正、流程公正，才有可能做到结果公正。二是积极推动和实践 BIM。政府投资和监管的一些项目，可以率先尝试 BIM，真正体验 BIM 的价值。对于进行 BIM 应用和推动的标准企业和个人，可以设立一些奖项进行鼓励。BIM 如何影响行业主管部门的职能转变，取决于市场和政府两方面的态度。

其次，企业在 BIM 健康发展中的责任最大，在企业层面，需要从 3 个方面来推进。一是要积极地进行 BIM 实践。要鼓励大家去积极尝试，但不宜大张旗鼓、全方位地去使用，可以在充分了解几家主流 BIM 方案的基础上，选择一个小项目或一个大项目的某几个应用开始。二是总结、制定企业的 BIM

规范。制定企业规范比国家标准容易，可以根据企业的情况不断改进。在试行一个或两个项目后，制定企业规范，当然，若在BIM咨询公司帮助下制定的规范会更加完善。三是制定激励措施。新事物带来的不确定性和恐惧感，会让一部分人有消极和抵触的情绪。可以在企业内部鼓励尝试新事物，奖励应用BIM的个人和组织。

最后，从软件企业的层面来说，责任同样重大。软件企业不能急功近利，而是要真正把产品做好，正确地引导客户，提供真正有价值的产品，而不能挣一切的“快钱”。这样，BIM才可以持久、深入地发展，对软件企业的回报也会更大。

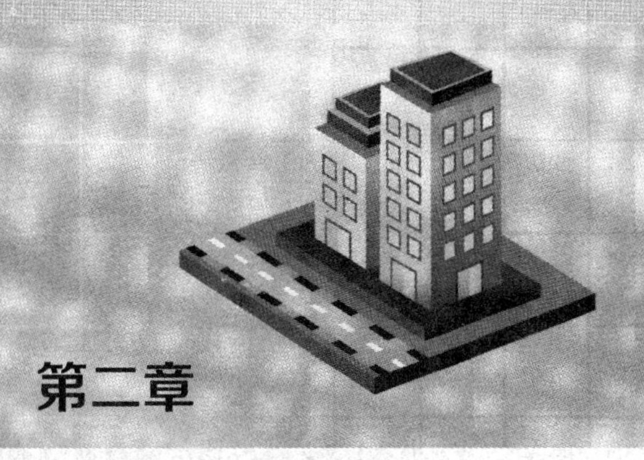

第二章

BIM 技术应用价值评估

第一节　BIM 的技术应用价值评估

BIM 技术是一种多维（二维空间、四维时间、五维成本、N 维）模型信息集成技术，可以使建设项目的所有参与方（包括政府主管部门、业主、设计、施工、监理、造价、运营管理、项目用户等）在项目从概念产生到完全拆除的整个生命周期内都能够在模型中操作信息和在信息中操作模型，从而从根本上改变从业人员依靠符号文字形式图纸进行项目建设和运营管理的工作方式，实现在建设项目全生命周期内提高工作效率和质量及减少错误和风险的目标。

一、BIM 应用含义

BIM 的含义总结为以下三点。

第一，BIM 是以三维数字技术为基础，集成了建筑工程项目各种相关信息的工程数据模型，是对工程项目设施实体与功能特性的数字化表达。

第二，BIM 是一个完善的信息模型，能够连接建筑项目生命周期不同阶段的数据、过程和资源，是对工程对象的完整描述，提供可自动计算、查询、组合拆分的实时工程数据，可被建设项目各参与方普遍使用。

第三，BIM具有单一工程数据源，可解决分布式、异构工程数据之间的一致性和全局共享问题，支持建设项目生命周期中动态的工程信息创建、管理和共享，是实时的项目共享数据平台。

传统的项目管理模式，管理方法成熟、业主可控制设计要求、施工阶段比较容易提出设计变更、有利于合同管理和风险管理。但存在的不足在于：业主方在建设工程的不同阶段可自行或委托进行项目前期的开发管理、项目管理和设施管理，但是缺少必要的相互沟通；我国设计方和供货方的项目管理还相当弱，工程项目管理只局限于施工领域；监理项目管理服务的发展相当缓慢，监理工程师对项目的工期不易控制、管理和协调工作较复杂、对工程总投资不易控制、容易互相推诿责任；我国项目管理还停留在较粗放的水平，与国际水平相当的工程项目管理咨询公司还很少；前期的开发管理、项目管理和设施管理的分离造成的弊病，如仅从各自的工作目标出发，而忽视了项目全生命周期的整体利益；由多个不同的组织实施，会影响相互间的信息交流，也就影响项目全生命周期的信息管理等；二维CAD设计图形象性差，二维图纸不方便各专业之间的协调沟通，传统方法不利于规范化和精细化管理；造价分析数据细度不够，功能弱，企业级管理能力不强，精细化成本管理需要细化到不同时间、构件、工序等，难以实现过程管理；施工人员专业技能不足、材料的使用不规范、不按设计或规范进行施工、不能准确预知完工后的质量效果、各个专业工种相互影响；施工方对效益过分地追求，现有管理方法很难充分发挥其作用，对环境因素的估计不足，重检查，轻积累。因此我国的项目管理需要信息化技术弥补现有项目管理的不足，而BIM技术正符合目前的应用潮流。

“十二五”规划中提出“全面提高行业信息化水平，重点推进建筑企业管理与核心业务信息化建设和专项信息技术的应用”，“十三五”规划和“十四五”规划均将BIM技术列为建筑业信息化建设的关键技术之一，可见BIM技术与项目管理的结合不仅符合政策的导向，也是发展的必然趋势。基于BIM的管理模式是创建信息、管理信息、共享信息的数字化方式，其具有很多的

优势，具体如下。

基于 BIM 的项目管理，工程基础数据如量、价等，数据准确、数据透明、数据共享，能完全实现短周期、全过程对资金风险以及盈利目标的控制；基于 BIM 技术，可对投标书、进度审核预算书、结算书进行统一管理，并形成数据对比；可以提供施工合同、支付凭证、施工变更等工程附件管理，并为成本测算、招投标、签证管理、支付等全过程造价进行管理；BIM 数据模型保证了各项目的数据动态调整，可以方便统计，追溯各个项目的现金流和资金状况；根据各项目的完成进度进行筛选汇总，可为领导层更充分的调配资源、进行决策创造条件；基于 BIM 的 4D 虚拟建造技术能提前发现在施工阶段可能出现的问题，并逐一修改，提前制定应对措施；使进度计划和施工方案最优，在短时间内说明问题并提出相应的方案，再用来指导实际的项目施工；BIM 技术的引入可以充分发掘传统技术的潜在能量，使其更充分、更有效地为工程项目质量管理工作服务；除了可以使标准操作流程“可视化”外，也能够做到对用到的物料及构建需求的产品质量等信息随时查询。

采用 BIM 技术，可实现虚拟现实和资产、空间等管理、建筑系统分级等技术内容，从而便于运营维护阶段的管理应用；运用 BIM 技术，可以对火灾等安全隐患进行及时处理，从而减少不必要的损失，对突发事件进行快速应变和处理，快速准确掌握建筑物的运营情况。总体上讲，采用 BIM 技术可使整个工程项目在设计、施工和运营维护等阶段都能够有效地实现建立资源计划、控制资金风险、节省能源、节约成本、降低污染和提高效率。应用 BIM 技术，能改变传统的项目管理理念，引领建筑信息技术走向更高层次，从而大大提高建筑管理的集成化程度。

BIM 集成了所有的几何模型信息功能要求及构件性能，利用独立的建筑信息模型涵盖建筑项目全生命周期内的所有信息，如规划设计、施工进度、建造及维护管理过程等。它的应用已经覆盖建筑全生命周期的各个阶段。

虽然我国房地产业新增建设速度已经放缓，但因为疆域辽阔、人口众多、东西部发展不均衡，我国基础建设工程量仍然巨大。在建筑业快速发展的同时，建筑产品质量越来越受到行业内外关注，使用方越来越精细、越来越理性的产品要求，使得建设管理方、设计方、施工企业等参建单位也面临更严峻的竞争。

二、BIM应用必然性

在这样的背景下，国内BIM技术在项目管理中应用的必然性如下。

第一，巨大的建设量同时也带来了大量因沟通和实施环节信息流失而造成的损失，BIM信息整合重新定义了信息沟通流程，很大程度上能够改善这一状况。

第二，社会可持续发展的需求带来更高的建筑生命周期管理要求，以及对建筑节能设计、施工、运维的系统性要求。

第三，国家资源规划、城市管理信息化的需求。BIM技术在建筑行业的发展，也得到了政府高度重视和支持，2015年6月16日，中华人民共和国住房和城乡建设部印发《关于推进建筑信息模型应用的指导意见》，确定BIM技术应用发展目标为：到2020年年末，建筑行业甲级勘察、设计单位以及特级、一级房屋建筑工程施工企业应掌握并实现BIM与企业管理系统和其他信息技术的一体化集成应用。到2020年年末，新立项项目勘察设计、施工、运营维护中，集成应用BIM的项目比率达到90%，包括：以国有资金投资为主的大中型建筑；申报绿色建筑的公共建筑和绿色生态示范小区。

各地方政府也相继出台了相关文件和指导意见，在这样的背景下，BIM技术在项目管理中的应用将越来越普遍，全生命周期的普及应用将是必然趋势。

三、BIM应用模式

在《BIM技术概论》一书中，详细介绍了BIM技术的特点。在具体的项

目管理中，根据应用范围、应用阶段、参与单位等的不同，BIM 技术的应用又可大致分为以下几种模式。

（一）单业务应用

基于 BIM 模型，有很多具体的应用是解决单点的业务问题，如复杂曲面设计、日照分析、风环境模拟、管线综合碰撞、4D 施工进度模拟、工程量计算、施工交底、三维放线、物料追踪等，如果 BIM 应用是通过使用单独的 BIM 软件解决类似上述的单点业务问题，一般就称为单业务应用。

单业务应用需求明确、任务简单，是目前最为常见的一种应用形式，但如果没有模型交付和协同，如果为了单业务应用而从零开始搭建 BIM 模型，往往成效比较低。

（二）多业务集成应用

在单业务应用的基础上，根据业务需要，通过协同平台、软件接口、数据标准集成不同模型，使用不同的软件，并配合硬件，进行多种单业务应用，就称为多业务集成应用。例如，将建筑专业模型协同供结构专业、机电专业设计使用，将设计模型传递给算量软件进行算量使用等。

随着 BIM 技术的单业务应用、多业务集成应用案例逐渐增多，BIM 技术信息协同可有效解决项目管理中生产协同和数据协同这两个难题的特点，越来越成为使用者的共识。目前，BIM 技术已经不再是淡出的技术应用，正在与项目管理紧密结合应用，包括文件管理、信息协同、设计管理、成本管理、进度管理、质量管理、安全管理等，越来越多的协同平台、项目管理集成应用在项目建设中体现，这已成为 BIM 技术应用的一个主要趋势。从项目管理的角度看，BIM 技术与项目管理的集成应用在现阶段主要有以下两种模式。

1. IPD 模式

集成产品开发是一套产品开发的模式、理念与方法。IPD 的思想来源于美国 PRTM 公司出版的《产品及生命周期优化法》一书，施工方、材料供应商、监理方等各参建方一起做出一个 BIM 模型，这个模型是竣工模型，所见即所得，最后做出来就是这个样子。然后各方就按照这个模型来做自己的工作就行了。采用 IPD 模式后，施工过程中不需要再返回设计院改图，材料供应商也不会随便更改材料或变更方案。这种模式虽然前期投入时间精力多，但是一旦开工就基本不会再浪费人、财、物、时在方案变更上。最终结果是可以节约相当长的工期和不小的成本。

2. VDC 模式

美国发明者协会于 1996 年首先提出了虚拟建设的概念。虚拟建设的概念是从虚拟企业引申而来的，只是虚拟企业针对的是所有的企业，而虚拟建设针对的是工程项目，是虚拟企业理论在工程项目管理中的具体应用。

虚拟设计建设模式，是指在项目初期，即用 BIM 技术进行整个项目的虚拟设计、体验和建设模拟，甚至是运维，通过前期反复的体验和演练，发现项目存在的不足，优化项目实施组织，提高项目整体的品质和建设速度、投资效率。

（1）基于 BIM 的工程设计

作为一名建筑师，首先要真实地再现他们脑海中或精致、或宏伟、或灵动、或庄重的建筑造型，在使用 BIM 之前，建筑师们很多时候是通过泡沫、纸盒做的手工模型展示头脑中的创意，相应调整方案的工作也是在这样的情况下进行，由创意到手工模型的工作需要较长的时间，而且设计师还会反复多次在创意和手工模型之间进行工作。

对于双重特性项目，只有采用三维建模方式进行设计，才能避免许多二维设计后期才会发现的问题。采用基于 BIM 技术的设计软件作支撑，以预先导入的三维外观造型做定位参考，在软件中建立体育场内部建筑功能模型、结构网架模型、机电设备管线模型，实现了不同专业设计之间的信息共享，各专业设计可从信息模型中获取所需的设计参数和相关信息，不需要重复录入数据，避免数据冗余、歧义和错误。

由于 BIM 模型其真实的三维特性，它的可视化纠错能力直观、实际，对

设计师很有帮助，这使施工过程中可能发生的问题，提前到设计阶段来处理，减少了施工阶段的反复，不仅节约了成本，更节省了建设周期。BIM 模型的建立有助于设计对防火、疏散、声音、温度等相关的分析研究。

BIM 模型便于设计人员与业主进行沟通。二维和一些效果图软件只能制作效果夸张的表面模型，缺乏直观逼真的效果；而三维模型可以提供一个内部可视化的虚拟建筑物，并且是实际尺寸比例，业主可以通过电脑里的虚拟建筑物，查看任意一个房间、走廊、门厅，了解其高度构造、梁柱布局，通过直观视觉的感受，确定建筑业主高度是否满意，窗户是否合理，在前期方案设计阶段通过沟通提前解决很多现实当中的问题。

（2）基于 BIM 的施工及管理

基于 BIM 进行虚拟施工可以实现动态、集成和可视化的 4D 施工管理。将建筑物及施工现场 3D 模型与施工进度相连接，并与施工资源和场地布置信息集成一体，建立 4D 施工信息模型。实现建设项目施工阶段工程进度、人力、材料、设备、成本和场地布置的动态集成管理及施工过程的可视化模拟，以提供合理的施工方案及人员、材料使用的合理配置，从而在最大范围内实现资源合理运用。在计算机上执行建造过程，虚拟模型可在实际建造之前对工程项目的功能及可建造性等潜在问题进行预测，包括施工方法实验、施工过程模拟及施工方案优化等。

（3）基于 BIM 的建筑运营维护管理

综合应用 GIS 技术，将 BIM 与维护管理计划相连接，实现建筑物业管理与楼宇设备的实时监控集成的智能化和可视化管理，及时定位问题来源。结合运营阶段的环境影响和灾害破坏，针对结构损伤、材料劣化及灾害破坏，进行建筑结构安全性、耐久性分析与预测。

（4）基于 BIM 的生命周期管理

BIM 的意义在于完善了整个建筑行业从上游到下游的各个管理系统和工作流程间的纵、横向沟通和多维性交流，实现了项目全生命周期的信息化管理。BIM 的技术核心是一个由计算机三维模型所形成的数据库，包含了贯穿于设计、施工和运营管理等整个项目全生命周期的各个阶段，并且各种信息始终是建立在一个三维模型数据库中。BIM能够使建筑师、工程师、施工人员及业主清楚全面地了解项目：建筑设计专业可以直接生成三维实体模型；结构专业则可取其中墙材料强度及墙上孔洞大小进行计算；设备专业可以据此进行建筑能量分析、声学分析、光学分析等；施工单位则可根据混凝土类型、配筋等信息进行水泥等材料的备料及下料；开发商则可取其中的造价、门窗类型、工程量等信息进行工程造价总预算、产品订货等。

中国建筑科学研究院副总工程师李云贵认为："BIM 在促进建筑专业人员整合、改善设计成效方面发挥的作用与日俱增，它将人员、系统和实践全部集成到一个流程中，使所有参与者充分发挥自己的智慧和才华，可在设计、制造和施工等所有阶段优化项目成效、为业主增加价值、减少浪费并最大限度提高效率。"

（5）基于BIM的协同工作平台

BIM具有单一工程数据源，可解决分布式、异构工程数据之间的一致性和全局共享问题，支持建设项目生命周期中动态的工程信息创建、管理和共享。工程项目各参与方使用的是单一信息源，确保信息的准确性和一致性。实现项目各参与方之间的信息交流和共享。从根本上解决项目各参与方基于纸介质方式进行信息交流形成的"信息断层"和应用系统之间的"信息孤岛"问题。

连接建筑项目生命周期与不同阶段数据、过程和资源的一个完善的信息模型是对工程对象的完整描述，建设项目的设计团队、施工单位、设施运营部门和业主等各方人员共用，进行有效的协同工作，节省资源、降低成本以实现可持续发展。促进建筑生命周期管理，实现建筑生命周期各阶段的工程性能、质量、安全、进度和成本的集成化管理，对建设项目生命周期总成本、能源消耗、环境影响等进行分析、预测和控制。

第二节　BIM 应用软件及其分类

一、BIM 软件应用背景

欧美建筑业已经普遍使用 Autodesk Revit 系列、Benetly Building 系列，以及 Graphsoft 的 ArchiCAD 等，而我国对基于 BIM 技术本土软件的开发尚属初级阶段，主要有天正、鸿业、博超等开发的 BIM 核心建模软件，中国建筑科学研究院的 PKPM，上海和北京广联达等开发的造价管理软件等，而对于除此之外的其他 BIM 技术相关软件如 BIM 方案设计软件、与 BIM 接口的几何造型软件、可视化软件、模型检查软件及运营管理软件等的开发基本处于空白中。国内一些研究机构和学者对于 BIM 软件的研究和开发在一定程度上推动了我国自主知识产权 BIM 软件的发展，但还没有从根本上解决此问题。

针对主流 BIM 软件的开发点主要集中在以下几个方面：BIM 对象的编码规则（WBS/EBS 考虑不同项目和企业的个性化需求及与其他工程成果编码规则的协调）；BIM 对象报表与可视化的对应；变更管理的可追溯与记录；不同版本模型的比较和变化检测；各类信息的快速分组统计（如不再基于对象、基于工作包进行分组，以便于安排库存）；不同信息的模型追踪定位；数据和信息分享；使用非几何信息修改模型。国内一些软件开发商如天正、广联达、理正、鸿业、博超等也都参与了 BIM 软件的研究，并对 BIM 技术在我国的推广与应用作出了极大的贡献。

BIM 软件在我国本土的研发和应用也已初见成效，在建筑设计、三维可视化、成本预测、节能设计、施工管理及优化、性能测试与评估、信息资源利用等方面都取得了一定的成果。但是，正如美国 BuildingSMART 联盟主席

Dana K.Smith所说，“依靠一个软件解决所有问题的时代已经一去不复返了”。BIM是一种成套的技术体系，BIM相关软件也要集成建设项目的所有信息，对建设项目各个阶段的实施进行建模、分析、预测及指导，从而将使用BIM技术的效益最大化。

二、美国AGC的BIM软件分类

美国总承包商协会把BIM及BIM相关软件分成八个类型。

第一类：概念设计和可行性研究

第二类：BIM核心建模软件

第三类：BIM分析软件

第四类：加工图和预制加工软件

第五类：施工管理软件

第六类：算量和预算软件

第七类：计划软件

第八类：文件共享和协同软件

三、BIM软件中国战略目标

我国建筑业软件市场规模不足建筑业本身这个市场规模的千分之一，而美欧的经验普遍认为BIM应该能够为建筑业降低10%的成本，即使把整个建筑业软件市场都归入BIM软件，那么从前面两个数字去分析，这里也有超过100倍投资回报的潜力。退一步考虑，哪怕通过BIM只降低1%的成本，从行业角度计算其投资回报也在10倍以上。

因此站在工程建设全行业的立场上，我国的BIM软件战略就应该以最快速度、最低成本让BIM软件实现最大商业价值，在保证目前质量、工期、安全水平的前提下降低建设成本1%、5%、10%甚至更多，从而把BIM软件完

全应用作为实现这个目标的工具和成本中心。

怎样的 BIM 软件组合才能够最大限度地服务于中国工程建设行业，以实现建设质量、工三方博弈，实现中国 BIM 软件战略目标？

① 利用需求评估，性能评估和市场准入等机制，建立适合中国工程建设行业发展的 BIM 软件体系，最大限度支持行业实现升级转型。

② 利用行业协调等机制，强化中国工程建设行业 BIM 软件使用者的市场话语权。

③ 利用政府采购等机制，支持国产 BIM 软件做大做强。

BIM 软件使用者的话语权和软件开发者的话语权如何在博弈中获得共赢和平衡，是中国 BIM 软件战略需要考虑的又一个重要问题，而在上述两者之间的是政府行业主管部门。

美国和欧洲的经验告诉我们，虽然 BIM 这个被行业广泛接受的专业名词的出现及 BIM 在实际工程中的大量应用只有近 20 年的时间，但是美欧对这种技术的理论研究和小范围工程实践从 20 世纪 70 年代就已开始，且一直没有中断。

美欧形成了一个 BIM 软件研发和推广的良性产业链：大学和科研机构主导 BIM 基础理论研究，经费来源于政府支持和商业机构赞助，大型商业软件公司主导通用产品研发和销售，小型公司主导专用产品研发和销售，大型客户主导客户化定制开发。

我国的基本情况是：一方面，研究成果大多停留在论文、非商品化软件、示范案例上，即缺乏机制形成商品化软件，其研究成果也无法为行业共享；另一方面，由于缺乏基础理论研究的支持和资金实力，国内大型商业软件公司只能从事专用软件开发，依靠中国市场和行业的独特性生存发展，而小型商业公司则只能在客户化定制开发上寻找机会，这种经营模式严重受制于平台软件的市场和技术策略，使得小型商业公司的生存和发展变得极不稳定。

要从根本上改变我国在 BIM 软件领域的基本格局不是短期内可以实现的，要实现这个目标的基本战略就是使行业内的各个参与方从左边的现状转变到右边的良性状态上来。

四、部分软件简介

（一）DP

DP是盖里科技公司基于CATIA开发的一款针对建筑设计的BIM软件，目前已被世界上很多顶级的建筑师和工程师所采用，进行一些最复杂，最有创造性的设计，优点就是十分精确，功能十分强大（抑或是当前最强大的建筑设计建模软件），缺点是操作起来比较困难。

（二）Revit

Revit是AutoDesk公司开发的BIM软件，针对特定专业的建筑设计和文档系统，支持所有阶段的设计和施工图纸。从概念性研究到最详细的施工图纸和明细表。Revit平台的核心是Revit参数化更改引擎，它可以自动协调在任何位置（例如在模型视图或图纸、明细表、剖面、平面图中）所做的更改。这也是在我国应用最广的BIM软件，实践证明，它能够明显提高设计效率。优点是普及性强，操作相对简单。

（三）Grasshopper

Grasshopper是基于Rhino平台的可视化参数设计软件，适合对编程毫无基础的设计师，它将常用的运算脚本打包成300多个运算器，通过运算器之间的逻辑关联进行逻辑运算，并且在Rhino的平台中即时可见，有利于设计中的调整。优点是方便上手，可视操作。缺点是运算器有限，会有一定限制（对于大多数的设计足够）。

（四）RhinoScript

RhinoScript 是架构在 VB 语目之上的 Rhino 专属程序语目，大致上又可分为 Marco 与 Script 两大部分，RhinoScript 所使用的 VB 语言的语法基本上算是简单的，已经非常接近日常的口语。优点是灵活，无限制。缺点是相对复杂，要有编程基础和计算机语言思维方式。

（五）Processing

Processing 也是代码编程设计，但与 RhinoScript 不同的是，Processing 是一种具有革命前瞻性的新兴计算机语言，它的概念是在电子艺术的环境下介绍程序语言，并将电子艺术的概念介绍给程序设计师。它是 Java 语言的延伸，并支持许多现有的 Java 语言架构，不过在语法上简易许多，并具有许多人性化的设计。Processing 可以在 Windows、MAC OS X、MAC OS 9、Linux 等操作系统上使用。

（六）Navisworks

Navisworks 软件提供了用于分析、仿真和项目信息交流的先进工具。完备的四维仿真、动画和照片级效果图功能使用户能够展示设计意图并仿真施工流程，从而加深设计理解并提高可预测性。实时漫游功能和审阅工具集能够提高项目团队之间的协作效率。

Navisworks 是 Autodesk 出品的建筑工程管理软件套装，使用 Navisworks 能够帮助建筑、工程设计和施工团队加强对项目成果的控制。Navisworks 解决方案使所有项目相关方都能够整合和审阅详细设计模型，帮助用户获得建筑信息模型工作流带来的竞争优势。

（七）iTWO

iTWO 建筑项目的生命周期，可以说是全球第一个数字与建筑模型系统整合的建筑管理软件，它的软件构架别具一格，在软件中集成了算量模块、进度管理模块、造价管理模块等，这就是传说中的“超级软件”，与传统的建筑造价软件有质的区别，与我国的 BIM 理论体系比较吻合。

（八）广联达 BIM5D

广联达 BIM5D 以建筑 3D 信息模型为基础，把进度信息和造价信息纳入模型中，形成 5D 信息模型。该 5D 信息模型集成了进度、预算、资源、施工组织等关键信息，对施工过程进行模拟，及时为施工过程中的技术、生产、商务等环节提供准确的形象进度、物资消耗、过程计量、成本核算等核心数据，提升沟通和决策效率，帮助客户对施工过程进行数字化管理，从而达到节约时间和成本、提升项目管理效率的目的。

（九）ProjectWise

ProjectWise Work Group 可同时管理企业中同时进行的多个工程项目，项目参与者只要在相应的工程项目上，具备有效的用户名和口令，便可登录到该工程项目中根据预先定义的权限访问项目文档。ProjectWise 可实现以下功能：将点对点的工作方式转换为“火锅式”的协同工作方式；实现基础设施的共享、审查和发布；针对企业对不同地区项目的管理提供分布式储存的功能；增量传输；提供树状的项目目录结构；文档的版本控制及编码和命名的规范；针对同一名称不同时间保存的图纸提供差异比较；工程数据信息查询；工程数据依附关系管理；解决项目数据变更管理的问题；红线批注；图纸审查；Project 附件—魔术笔的应用；提供 Web 方式的图纸浏览；通过移动设备进行校核；批量生成 PDF 文件，交付业主。

（十）IES 分析软件

IES 是总部在英国的 Integrated Environmental Solutions 公司的缩写，IES 是旗下建筑性能模拟和分析的软件。IES 用来在建筑前期对建筑的光照、太

阳能及温度效应进行模拟。其功能类似 Ecmect，可以与 Radiance 兼容对室内的照明效果进行可视化的模拟。缺点是该软件由英国公司开发，整合了很多英国规范，与中国规范不符。

（十一）Ecotect 分析

Ecotect 提供自己的建模工具，分析结果可以根据几何形体得到即时反馈。这样，建筑师可以从非常简单的几何形体开始进行迭代分析，随着设计的深入，分析也逐渐越来越精确。Ecotect 和 RADIANCE、POVRay，VRML、EnergyPlus，HTB2 热分析软件均有导入导出接口。Ecotect 以其整体的易用性、适应不同设计深度的灵活性及出色的可视化效果，已在中国的建筑设计领域得到了更广泛的应用。

（十二）Green Building Studio

Green Building Studio（GBS）是 Autodesk 公司开发的一款基于 Web 的建筑整体能耗、水资源和碳排放的分析工具。在登录其网站并创建基本项目信息后，用户可以用插件将 Revit 等 BIM 软件中的模型导出 gbXML 并上传到 GBS 的服务器上，计算结果将即时显示并可以进行导出和比较，在能耗模拟方面，GBS 使用的是 D0E-2 计算引擎。由于采用了目前流行的云计算技术，GBS 具有强大的数据处理能力和效率。另外，其基于 Web 的特点也使信息共享和多方协作成为其先天优势。同时，其强大的文件格式转换器，可以成为 BIM 模型与专业的能量模拟软件之间的无障碍桥梁。

（十三）EnergyPlus

EnergyPlus 模拟建筑的供暖供冷、采光、通风及能耗和水资源状况。它基于 BLAST 和 D0E-2 提供的一些最常用的分析计算功能，同时，也包括了很多独创模拟能力，例如：模拟时间步长低于 1 h、模组系统、多区域气流、热舒适度、水资源使用、自然通风及光伏系统等。需要强调的是：EnergyPlus

是一个没有图形界面的独立的模拟程序，所有的输入和输出都以文本文件的形式完成。

（十四）DeST

DeST 是 Designer's Simulation Toolkit 的缩写，意为设计师的模拟工具箱。DeST 是建筑环境及 HVAC 系统模拟的软件平台，该平台以清华大学建筑技术科学系环境与设备研究所十余年的科研成果为理论基础，将现代模拟技术和独特的模拟思想运用到建筑环境的模拟和 HVAC 系统的模拟中去，为建筑环境的相关研究和建筑环境的模拟预测、性能评估提供了方便实用可靠的软件工具，为建筑设计及 HVAC 系统的相关研究和系统的模拟预测、性能优化提供了一流的软件工具。目前 DeST 有 2 个版本，应用于住宅建筑的住宅版本及应用于商业建筑的商建版本。

第三节　对于人员的分类分析

在 BIM 技术应用过程中各方人员有自己的明确定义，有助于在 BIM 技术发展过程中明确目标，清晰划分职责和层次；有利于不论是 BIM 技术推进还是企业自身 BIM 团队发展的平衡及有效性。本节通过总结国外认可度高的人员分类，推荐一组 BIM 人才配备建议。

一、BIM 人才

BIM 人才可以分为 BIM 标准人才、BIM 工具人才和 BIM 应用人才三大名词。其中 BIM 标准人才包括 BIM 基础理论研究人才和 BIM 标准研究人才两类。BIM 工具人才包括 BIM 产品设计人才和 BIM 软件开发人才。BIM 应用人才包括 BIM 专业应用人才和 BIM IT 应用人才。

二、美国国家 BIM 标准 BIM 人员分类

美国国家 BIM 标准把跟 BIM 有关的人员分成 BIM 用户、BIM 标准提供者及 BIM 工具制造商三类。BIM 用户包括建筑信息创造人和使用人，他们决定支持业务所需要的信息，然后使用这些信息完成自己的业务功能，所有项目参与方都属于 BIM 用户。BIM 标准提供者的职责为建筑信息和建筑信息数据处理建立和维护标准。BIM 工具制造商的职责主要是负责开发和实施软件及集成系统，提供技术和数据处理服务。

三、美国陆军工程兵 BIM 路线图的 BIM 职位分类

第一类为 BIM 经理。职责为协调“BIM 小窝”。“BIM 小窝”是指所有建筑师和工程师在同一个房间里、在同一个 BIM 模型上、在同一时间内进行协同设计的环境，在这里关于 BIM 模型的沟通和协同都是即时发生的；安排 BIM 培训；配置和更新 BIM 相关的数据集；提供数据变化到项目中心数据集，必要时最终到企业级数据集样板；安排设计审查。

第二类为技术主管。职责主要为管理 BIM 模型；负责从模型中提取数据、统计工程量、生成明细表；保证所有的 BIM 工作遵守美国国家 CAD 标准和 BIM 标准；使用质量报告工具保证数据质量。

第三类设计师的职责主要是负责本专业的设计要求，在三维环境里执行设计和设计修改。

四、Willem Kymmell 专著中的 BIM 职位分类

Willem Kymmell 认为 BIM 经理、BIM 工作人员、BIM 协助人员三种类型的 BIM 应用人才可以组建一个有效的 BIM 团队。

第一类，BIM经理。主要职责为协调团队，负责BIM生产和分析。制订战略计划，沟通、协调、评估，决定BIM如何能够更好地为某个特定项目服务。关键因素是客户需求和期望项目团队经验和可用资源（人员、软件培训、工具等），BIM目标应该经过BIM经理的分析和评估，因而可以细化出一个实施计划；该角色需要具备进行BIM建模和分析的流程和工具的整体知识，不一定需要直接的建模经验，但了解BIM的流程和局限对优化项目计划非常重要。

第二类，BIM操作人员。实际进行BIM建模和分析的人员，包括负责创建各自部分BIM模型的设计师和咨询师，也包括从不同信息角度和BIM模型进行互动的其他人员，例如预算员、计划员、预制加工人员等。

第三类，BIM协助人员。帮助浏览和获取BIM模型里面的信息。一般来说，BIM的计划和创建主要在办公室完成，但是BIM被广泛用于施工现场作为管理目的，因此要把这两部分的功能分开，这样BIM才可以更好地和施工现场的各种活动完全集成。BIM模型的可视化和沟通优势及其他可能性辅助施工现场会议非常有效，BIM协助人员原则上就是一个施工现场的角色，帮助一线施工人员使用BIM。他们帮助施工负责人建立和所有分包的沟通机制。这个角色需要理解浏览软件及模型部件的组织方式，帮助施工现场从BIM模型中抽取信息，通过全面浏览模型帮助施工人员更好地理解要完成的工作。

五、BIM职位分类

第一类，BIM战略总监。职位级别为企业级（大型企业的部门或专业级），职责主要是不要求能够操作BIM软件，但要求了解BIM基本原理和国内外应用现状，了解BIM将给建筑业带来的价值和影响，掌握BIM在施工行业的应用价值和实施方法，掌握BIM实施应用环境：软件、硬件、网络、团队、合同等；负责企业、部门或专业的BIM总体发展战略，包括组建团队、确定技术路线、研究BIM对企业的质量效益和经济效益、制定BIM实施计划等。

第二类，BIM 项目经理。职位级别为项目级，职责主要是对 BIM 项目进行规划、管理和执行，保质保量实现 BIM 应用的效益；自行或通过调动资源解决工程项目 BIM 应用中的技术和管理问题。

第三类，BIM 专业分析工程师。职位级别为专业级，职责主要是利用 BIM 模型对工程项目的整体质量、效率、成本、安全等关键指标进行分析、模拟、优化；对该项目承载体的 BIM 模型进行调整，实现高效、优质、低价的项目总体实现和交付。

第四类，BIM 模型生产工程师。职位级别为专业级，职责主要是建立项目实施过程中需要的各种 BIM 模型。

第五类，BIM 信息应用工程师。职位级别为专业级，职责主要是根据项目 BIM 模型提供的信息完成自己负责的工作。

六、BIM 未来的几种发展趋势

第一，以移动技术来获取数据。随着互联网和移动智能终端的普及，人们现在可以在任何地点和任何时间获取信息。而在建筑设计领域，将会看到很多承包商为工作人员配备这些移动设备，在工作现场就可以进行设计。

第二，数据的整合。现在可以把监控器和传感器放置在建筑物的任何一个地方，对建筑内的温度、空气质量、湿度进行监测。同时加上供热信息、通风信息、供水信息和其他的控制信息。将这些信息汇总之后，设计师就可以对建筑的现状有一个全面充分的把握。

第三，未来还有一个最为重要的概念——云端技术，即无限计算。不管是能耗，还是结构分析，针对一些信息的处理和分析都需要利用云计算这一强大的计算能力。甚至渲染和分析过程可以达到实时计算，帮助设计师尽快在不同的设计和解决方案之间进行比较。

第四，数字化现实捕捉。这种技术，通过一种激光可以对桥梁、道路、铁路等进行扫描，以获得早期的数据。现在不断有新的算法，把激光所产生的点集中成平面或者表面，然后放在一个建模的环境当中。3D电影《阿凡达》就是在一台电脑上创造一个3D立体BIM模型的环境。因此，可以利用这样的技术为客户建立可视化的效果。值得期待的是，未来设计师可以在一个3D空间中使用这种进入式的方式来工作，直观地展示产品开发的未来。

第五，协作式项目交付。BIM是一个工作流程，而且是基于改变设计方式的一种技术，改变了整个项目执行施工的方法，它是一种设计师、承包商和业主之间合作的过程，每个人都有自己非常有价值的观点和想法。所以，如果能够通过分享BIM让这些人都参与其中，在这个项目的全生命周期都参与其中，那么，BIM将能够实现它最大的价值。国内的BIM应用处于起步阶段，绿色和环保等词语几乎成为各个行业的通用要求。特别是建筑设计行业，设计师早已不再满足于完成设计任务，而更加关注整个项目从设计到后期的执行过程是否满足高效、节能等要求，期待从更加全面的领域创造价值。

第三章 绿色建筑材料概述

第一节 绿色建筑材料基础知识

在探讨绿色建筑材料之前，先明确绿色材料的概念。

绿色材料，是在 1988 年第一届国际材料科学研究会上首次被提出来的。1992 年国际学术界给绿色材料的定义为：“在原料采取、产品制造、应用过程和使用以后的再生循环利用等环节中对地球环境负荷最小和对人类身体健康无害的材料。”

人们对绿色材料能够形成共识的主要包括五个方面：占用人的健康资源、能源效率、资源效率、环境责任、可承受性。其中还包括对污染物的释放、材料的内耗、材料的再生利用、对水质和空气的影响等。

绿色建筑材料含义的范围比绿色材料要窄，对绿色建筑材料的界定，必须综合考虑建筑材料的全生命周期的各个阶段。

一、绿色建筑材料应具有的品质

绿色建筑材料应具有以下品质。

① 保护环境。材料尽量选用天然化、本地化、无害无毒且可再生、可循环的材料。

② 节约资源。材料使用应该减量化、资源化、无害化，同时开展固体废物处理和综合利用技术。

③ 节约能源。在材料生产、使用、废弃及再利用等过程中耗能低，并且能够充分利用绿色能源，如太阳能、风能、地热能和其他再生能源。

二、绿色建筑材料的特点

绿色建筑材料具有以下特点。

① 以低资源、低能耗、低污染生产的高性能建筑材料，如用现代先进工艺和技术生产高强度水泥，高强钢等。

② 能大幅度降低建筑物使用过程中耗能的建筑材料，如具有轻质、高强、防水、保温、隔热、隔声等功能的新型墙体材料。

③ 具有改善居室生态环境和保健功能的建筑材料，如抗菌、除臭、调温、调湿、屏蔽有害射线的多功能玻璃、陶瓷、涂料等。

三、绿色建筑材料与传统建筑材料的区别

绿色建筑材料与传统建筑材料的区别，主要表现在如下几个方面。

① 生产技术。绿色建材生产采用低能耗制造工艺和不污染环境的生产技术。

② 生产过程。绿色建材在生产配置和生产过程中，不使用甲醛、卤化物溶剂或芳香烃；不使用含铅、镉、铬及其化合物的颜料和添加剂；尽量减少废渣、废气及废水的排放量，或使之得到有效的净化处理。

③ 资源和能源的选用。绿色建材生产所用原料尽可能少用天然资源，不应大量使用尾矿、废渣、垃圾、废液等废弃物。

④ 使用过程。绿色建材产品是以改善人类生活环境、提高生活质量为宗旨，有利于人体健康。产品具有多功能的特征，如抗菌、灭菌、防毒、除臭、

隔热、阻燃、防火、调温、调湿、消声、消磁、防辐射和抗静电等。

⑤ 废弃过程。绿色建材可循环使用或回收再利用，不产生污染环境的废弃物。

我国绿色建材的发展从20世纪90年代的生态环境材料的发展算起已有二十几年了，但是远远落后于后来兴起的绿色建筑的发展。在诸多原因中，对于绿色建材的概念与内涵认识不一致，评价指标体系和标准法规的缺失是主要原因。

四、绿色建筑材料与绿色建筑的关系

绿色建筑材料是绿色建筑的物质基础，绿色建筑必须通过绿色建筑材料这个载体来实现。

但是，目前绿色建筑的发展与绿色建材的发展仍存在断链。我国首版《绿色建筑评价标准》（GB/T 50378—2006）中，未提绿色建材。据了解，是因主管部门对绿色建材的概念没有达成共识，评价不具备操作性。

将绿色建筑材料的研究、生产和高效利用能源技术与绿色建筑材料结合，是未来绿色建筑的发展方向。

国务院办公厅转发的国办发〔2013〕1号文件，《绿色建筑行动方案》关于大力发展绿色建材是这样表述的："因地制宜、就地取材，结合当地气候特点和资源禀赋，大力发展安全耐久、节能环保、施工便利的绿色建材。加快发展防火隔热性能好的建筑保温系统和材料，积极发展烧结空心制品、加气混凝土制品、多功能复合一体化墙体材料、一体化屋面、低辐射镀膜玻璃、断桥隔热门窗、遮阳系统等建材。引导高性能混凝土、高强钢的发展利用，到2015年年末，标准抗压强度60MPa以上混凝土用量达到总用量的10%，屈服强度400MPa以上的热轧带肋钢筋用量达到总用量的45%。大力发展预拌混凝土、预拌砂浆。深入推进墙体材料革新，城市城区限制使用黏土制品，县城禁止使用实心黏土砖。发展改革、住房城乡建设、工业和信息化、质检部门要研究建立绿色建材认证制度，编制绿色建材产品目录，引导规范市场消费。质量监查、住房城乡建设、工业和信息化部门要加强建材生产、流通和使用环节的质量监理和稽查，杜绝性能不达标的建材进入市场。积极支持绿色建材产业发展，组织开展绿色建材产业化示范。”

第二节　国外绿色建材的发展及评价

当 1988 年的国际材料科学研究会上首次提出“绿色建材”这个概念的 4 年之后，1992 年在里约热内卢的“世界环境与发展”大会上，确定了建筑材料可持续发展的战略方针，制定了未来建材工业循环再生、协调共生、维持自然的发展原则。1994 年联合国又增设了“可持续产品开发”工作组。随后，国际标准化机构（ISO）开始讨论制定环境调和制品（ECP）的标准化，大力推进绿色建材的发展。近 40 年来，欧、美、日等许多国家对绿色建材的发展非常重视，特别是 20 世纪 90 年代后，绿色建材的发展速度明显加快，先后制定了有机挥发物（VOC）散发量的试验方法，规定了绿色建材的性能标准，对建材制品开始推行低 VOC 散发量标志认证，并积极开发了绿色建材新产品。在提倡和发展绿色建材的基础上，一些国家修建了居住或办公用样板绿色建筑。

一、德国

德国的环境标志计划始于 1977 年，是世界上最早的环境标志计划，低 VOC 散发量的产品可获得“蓝天使”标志。考虑的因素主要包括污染物散发、废料产生、再次循环使用、噪声和有害物质等。对各种涂料规定最大 VOC 含量，禁用一些有害材料。对于木制品的基本材料，在标准室试验中的最大甲醛浓度为 1.0×10^{-7} 或 4.5 mg/100 g（干板），装饰后产品在标准室试验中的最大甲醛浓度为 5.0×10^{-8}，最大散发率为 2 mg/m^3。液体色料由于散发烃，不允许被使

用。此外，很多产品不允许含德国危害物质法令中禁用的任何填料。

德国开发的“蓝天使”标志的建材产品，侧重于从环境危害大的产品入手，取得了很好的环境效益。截至 2022 年年底，带“蓝天使”标志的产品已超过 80 多种类别，12 000 多个“蓝天使”标志已为约大多数的德国用户所接受。

二、加拿大

加拿大是积极推动和发展绿色建材的北美国家。加拿大的 Ecologo 环境标志计划规定了材料中的有机物散发总量（TVOC），如：水性涂料的 TVOV 指标为不大于 250 g/L，胶黏剂的 TVOC 规定为不大于 20 g/L，不允许用硼砂。

三、美国

美国是较早提出使用环境标志的国家，均由地方组织实施，虽然至今对健康材料还没有做出全国统一的要求，但各州、市对建材的污染物已有严格的限制，而且要求越来越高。材料生产厂家都感觉到各地环境规定的压力，不符合限定的产品要缴纳重税和罚款。环保压力导致很多产品的更新，特别是开发出越来越多的低有机挥发物含量产品。

华盛顿州要求为办公人员提供高效率、安全和舒适的工作环境，颁布建材散发量要求来作为机关采购的依据。

四、丹麦

丹麦于 1992 年发起建筑材料室内气候标志（DICL）系统。材料评价的依据是最常见的与人体健康有关的厌恶气味和黏液膜刺激两个项目。已经制定了两个标准：一个是关于织物地面材料的（如地毯、衬垫）；另一个是关于吊顶材料和墙体材料的（如石膏板、矿棉、玻璃棉、金属板）。

五、瑞典

瑞典的地面材料业很发达，大量出口，已实行了自愿性试验计划，测量其化学物质散发量。对地面物质及涂料和清漆也在制定类似的标准，还包括对混凝土外加剂。

六、日本

日本于1988年开展使用环境标志，日本科技厅制定并实施了“环境调和材料研究计划”。通产省制定了环境产业设想并成立了环境调查和产品调整委员会。近年来在绿色建材的产品研究和开发及健康住宅样板工程的兴趣等方面都获得了可喜的成果。如秩父一小野田水泥已建成了日产50 t生态水泥的实验生产线；日本东陶公司研制成可有效地抑制杂菌繁殖和防止霉变的保健型瓷砖；日本铃木产业公司开发出具有调节湿度功能和防止壁面生霉的壁砖和可净化空气的预制板等。

日本于1997年夏天在兵库县建成一栋实验型“健康住宅”，整个住宅尽可能选用不会危害健康的新型建筑材料，九州市按照日本省能源、减垃圾的“日本环境生态住宅地方标准”要求，建造了一栋环保生态高层住宅，是综合利用天然材料建造住宅的尝试。

七、英国

英国是研究开发绿色建材较早的欧洲国家之一。早在1991年英国建筑研究院（BRE）曾对建筑材料对室内空气质量产生的有害影响进行了研究；通过对臭味、真菌等的调研和测试，提出了污染物、污染源对室内空气质量的影响。

第三节　国内绿色建筑材料的发展及评价

一、国内绿色建筑发展的现状

良好的居住环境是人体健康的基本条件，而人体健康是对社会资源的最大节约，也是人类社会可持续发展的根本保证。绿色建材避免使用了对人体十分有害的甲醛、芳香族碳氢化合物及含有汞、铅、铬化合物等物质，可有效减少居室环境中致癌物质的出现。使用绿色建材减少了 CO_2、SO_2 的排放量，可有效遏制大气环境的恶化，降低温室效应。没有良好的居住环境，没有人类赖以生存的能源和资源，也就没有了人类自身，因此，为了人类的生存和发展必须发展绿色建材。

我国绿色建材是伴随着改革开放不断深入而发展起来的。从 1979 年到现在，基本完成了从无到有，从小到大，从大到强的发展过程。我国已初步形成了从绿色建材科研、设计、生产到施工的一个完整的系统工程。

绿色建筑材料是在传统建筑材料基础上产生的新一代建筑材料，主要包括新型墙体材料、保温隔热材料、防水密封材料和装饰装修材料等。根据产业研究院 2022 年发布的《2013—2017 年中国新型建材行业企业投资项目指引及机会战略分析报告》披露，我国城乡每年新建建筑面积 20～30 亿平方米。随着城镇化深入，基建投资结构将由传统建材逐渐向城市配套性绿色建材转变。在政策推动下，生产绿色建材行业将受益绿色城镇化，迎来高成长期。

未来一段时间，我国新建筑的总数量仍将会占世界新建筑总量的一半以上，我国的绿色建材发展会影响世界的可持续发展。

按照土木工程材料功能分类，下面分别以结构材料和功能材料的发展作相关补充介绍。

（一）结构材料

传统的结构用建筑材料有木材、石材、黏土砖、钢材和混凝土。当代建筑结构用材料主要为钢材和混凝土。

1. *木材、石材*

木材、石材是自然界提供给人类最直接的建筑材料，不经加工或通过简单的加工就可用于建筑。木材和石材消耗自然资源，如果自然界的木材的产量与人类的消耗量相平衡，那么木材应是绿色的建筑材料；石材虽然消耗了矿山资源，但由于它的耐久性较好，生产能耗低，重复利用率高，也具有绿色建筑材料的特征。

目前能取代木材的绿色建材还不是很多，应用较多的是绿色竹材人造板，竹材资源已成为替代木材的后备资源。竹材人造板是以竹材为原料，经过一系列的机械和化学加工，在一定的温度和压力下，借助胶黏剂或竹材自身结合力的作用胶合而成的板状材料，具有强度高、硬度大、韧性好、耐磨等优点，可用替代木材作建筑模板等。

2. *砌块*

黏土砖虽然能耗比较低，但是以毁坏土地为代价的，我国20世纪90年代开始限制使用黏土砖，到如今基本禁止生产和使用。今后墙体绿色材料主要发展方向，是利用工业废渣替代部分或全部天然黏土资源。

目前，全国每年产生的工业废渣数量巨大、种类繁多、污染环境严重。我国对工业废渣的利用做了大量的研究工作，实践证明，大多数工业废渣都有一定的利用价值。报道较多且较成熟的方法是将工业废渣粉磨达到一定细度后，作为混凝土胶凝材料的掺合料使用，该种方法适用于粉煤灰、矿渣、钢渣等工业废渣。

建筑行业是消纳工业废渣的大户。据统计，2022年全国建筑业消耗和利用的各类工业废渣数量在11.06亿吨左右。

目前全国有1/3以上的城市被垃圾包围。全国城市垃圾堆存累计占用土

地 75 万亩。其中建筑垃圾占城市垃圾总量的 30%～40%。如果能循环利用这些废弃固体物，绿色建筑将可实现更大的节能。

（二）废渣砌块主要种类

① 粉煤灰蒸压加气混凝土砌块：以水泥、石灰、粉煤灰等为原料，经磨细、搅拌浇筑、发气膨胀、蒸压养护等工序制造而成的多孔混凝土。

② 磷渣加气混凝土：在普通蒸压加气混凝土生产工艺的基础上，有富含 CaO、SiO_2 的磷废渣来替代部分硅砂或粉煤灰作为提供硅质成分的主要结构材料。

③ 磷石膏砌块：磷铵厂和磷酸氢钙厂在生产过程中排出的废渣，制成磷石膏砌块等。

④ 粉煤灰砖：以粉煤灰、石灰或水泥为主要原料，掺和适量石膏、外加剂、颜料和集料等，以坯料制备、成型、高压或常压养护而制成的粉煤灰砖。

⑤ 粉煤灰小型空心砌块：以粉煤灰、水泥、各种轻重集料、水为主要组分（也可加入外加剂等）拌和制成的小型空心砌块。

（三）技术指标与技术措施

当今土木工程使用的绿色混凝土主要有低碱性混凝土、多孔（植生）混凝土、透水混凝土、生态净水混凝土等。其中应用较广泛的是多孔（植生）混凝土。

多孔（植生）混凝土也称为无砂混凝土，直接用水泥作为黏结剂连接粗骨料，它具有连续空隙结构的特征。其透气和透水性能良好，连续空隙可以作为生物栖息繁衍的空间，可以降低环境负荷。

绿色高性能混凝土是当今世界上应用最广泛、用量最大的土木工程材料，然而在许多国家混凝土都面临劣化现象，耐久性不良的严重问题。因劣化引起混凝土结构开裂，甚至崩塌事故屡屡发生，如水工、海工建筑与桥梁尤为多见。

混凝土作为主要建筑材料，耐久的重要性不亚于强度。我国正处于建设高速发展时期，大量高层、超高层建筑及跨海大桥对耐久性有更高的要求。

绿色混凝土是混凝土的发展方向。绿色混凝土应满足如下的基本条件。

① 所使用的水泥必须为绿色水泥。此处的“绿色水泥”是针对“绿色”水泥工业来说的。绿色水泥工业是指将资源利用率和二次能源回收率均提高到最高水平，并能够循环利用其他工业的废渣和废料；技术装备上更加强化了环境保护的技术和措施；粉尘、废渣和废气等的排放几乎为零，真正做到不仅自身实现零污染、无公害，还因循环利用其他工业的废料、废渣而帮助其他工业进行“三废”消化，最大限度地改善环境。

② 最大限度地节约水泥熟料用量，减少水泥生产中的 NO_2、SO_2、NO 等气体，以减少对环境的污染。

③ 更多地掺入经过加工处理的工业废渣，如磨细矿渣、优质粉煤灰、硅灰和稻壳灰等作为活性掺合料，以节约水泥熟料用量，保护环境，并改善混凝土耐久性。

④ 大量应用以工业废液尤其是黑色纸浆废液为原料制造的减水剂，以及在此基础上研制的其他复合外加剂，帮助造纸工业消化处理难以治理的废液排放污染江河的问题。

⑤ 集中搅拌混凝土和大力发展预拌混凝土，消除现场搅拌混凝土所产生的废料、粉尘和废水，并加强对废料和废水的循环使用。

⑥ 发挥 HPC 的优势，通过提高强度、减小结构截面积或结构体积，减少混凝土用量，从而节约水泥、砂、石的用量；通过改善和易性提高浇筑密实性，通过提高混凝土耐久性，延长结构物的使用寿命，进一步节约维修和重建费用，做到对自然资源有节制的使用。

⑦ 砂石料的开采应该有序且以不破坏环境为前提。积极利用城市固体垃圾，特别是拆除的旧建筑物和构筑物的废弃物混凝土、砖、瓦及废物，以其代替天然砂石料，减少砂石料的消耗，发展再生混凝土。

（四）功能材料

目前国内建筑功能材料迅速发展，正在形成高技术产业群。我国高技术（863）计划、国家重大基础研究（973）计划、国家自然科学基金项目中功能材料技术项目约占新材料防水材料（尤其是环保单组分）及丙烯酸酯类。密封材料仍重点发展硅酮、聚氨酯、聚硫、丙烯酸等。

“十一五”期间，新型防水材料年平均增长率将逐步加大，预计在全国防水工程的占有率达到50%以上。

新型防水材料应用于工业与民用建筑，特别是住宅建筑的屋面、地下室、厕浴、厨房、地面建筑外墙防水外，还将广泛用于新建铁路、高速公路、轻轨交通（包括桥面、隧道）、水利建设、城镇供水工程、污水处理工程、垃圾填埋工程等。

建筑防水材料随着现代工业技术的发展，正在趋向于高分子材料化。国际上形成了“防水工程学”“防水材料学”等学科。

日本是建筑防水材料发展最快的国家之一。多年来，吸取其他国家防水材料的先进经验，并大胆使用新材料、新工艺，使建筑防水材料向高分子化方向发展。

建筑简便的单层防水，建筑防水材料趋向于冷施工的高分子材料，是我国今后建筑绿色防水材料的发展方向。

二、绿色建筑材料的评价

2002年，为了响应兴办“绿色奥运”的主题，科技部和北京市委设立了《奥运绿色建筑评估体系的研究》课题，其中对绿色建材的评价进行了初步的探究。2019年3月13日，住建部发布了GB/T 50378—2019《绿色建筑评价标准》，是我国现行的评价标准。

在形成我国国家标准之前，存在以下几种评价体系。

1. 单因子评价

单因子评价，即根据单一因素及影响因素确定其是否为绿色建材。例如对室内墙体涂料中有害物质限量（甲醛、重金属、苯类化合物等）做出具体数位的规定，符合规定的就认定为绿色建材，不符合规定的则为非绿色建材。

2. 复合类评价

复合类评价，主要由挥发物总含量、人体感觉试验、防火等级和综合利用等指标构成。并非根据其中一项指标判定是否为绿色建材，而是根据多项指标综合判断，最终给出评价，确定其是否为绿色建材。

从以上两种评价角度可以看出，绿色建材是指那些无毒无害、无污染、不影响人和环境安全的建筑材料。这两种评价实际就是从绿色建材定义的角度展开，同时是对绿色建材内涵的诠释，不能完全体现出绿色建材的全部特征。这种评价的主要缺陷局限于成品的某些个体指标，而不是从整个生产过程综合评价，不能真正地反映材料的绿色化程度。同时，它只考虑建材对人体健康的影响，并不能完全反映其对环境的综合影响。这样就会造成某些生产商对绿色建材内涵的片面理解，为了达到评价指标的要求，忽视消耗的资源、能源及对环境的影响远远超出了绿色建材所要求的合理范围。例如，某新型墙体材料能够替代传统的黏土砖同时能够利用固体废弃物，从这里可能评价为符合绿色建材的标准，但从生产过程来看，若该种墙体材料的能耗或排放的“三废”远远高于普通黏土砖，就不能称它为绿色建材。

故单因子评价、复合类评价只能作为一种简单的鉴别绿色建材的手段。

3. 全生命周期评价

目前国际上通用的是全生命周期（LCA）评价体系。1990年国际环境毒理学与化学学会（SETAC）将全生命周期评价定义为：一种对产品、生产工艺及活动对环境的压力进行评价的客观过程。这种评价贯穿于产品、工艺和活动的整个生命周期。包括原材料的采取与加工、产品制造、运输及销售产品的使用、再利用和维护、废物循环和最终废物处置等方面。它是从材料的

整个生命周期对自然资源、能源及对环境和人类健康的影响等多方面多因素进行定性和定量评估。能全面而真实地反映某种建筑材料的绿色化程度，定性和定量评估提高了评价的可操作性。

尽管生命周期评价是目前评价建筑材料的一种重要方法，但也有如下局限性。

① 建立评估体系需要大量的实践数据和经验累积，评价过程中的某些假设与选项有可能带有主观性，会影响评价的标准性和可靠性。

② 评估体系及评估过程复杂，评估费用较高。就我国目前的情况来看，利用该方法对我国绿色建材进行评价还存在一定的难度。

第四节　绿色建筑材料的应用

一、结构材料

（一）石膏砌块

建筑石膏砌块，以建筑石膏为主要原料，经加水搅拌、浇筑成型和干燥制成的轻质建筑石膏制品。生产中加入轻集料发泡剂以降低其质量，或加水泥、外加剂等以提高其耐水性和强度。石膏砌块分为实心砌块和空心砌块两类，品种规格多样。施工非常方便，是一种非承重的绿色隔墙材料。

目前全世界有60多个国家生产与使用石膏砌块，主要用于住宅、办公楼、旅馆等非承重内隔墙。国际上已公认石膏砌块是可持续发展的绿色建材产品，在欧洲占内墙总用量的30%以上。

石膏砌块自20世纪80年代被引进我国。在这40年间，石膏砌块虽然没有像其他水泥类墙体材料一样得到广泛的应用，但也在稳步发展。自2000

年以后，随着我国墙体改革的推进，为石膏砌块等新型墙体绿色材料提供了发展的空间。

石膏砌块的优良特性如下。

① 减轻房屋结构自重。降低承重结构及基础的造价，提高建筑的抗震能力；

② 防火好。石膏本身所含的结晶水遇火汽化成水蒸气，能有效防止火灾蔓延；

③ 隔声保温。质轻导热系数小，能衰减声压与减缓声能的透射；

④ 调节湿度。能根据环境湿度变化，自动吸收、排出水分，使室内湿度相对稳定，居住舒适；

⑤ 施工简单。墙面平整度高，无须抹灰，可直接装修，缩短施工工期；

⑥ 增加面积。墙身厚度减小，增加了使用面积。

（二）陶粒砌块

目前我国的城市污水处理率达 80%以上，处理污泥的费用很高。将污泥与煤粉灰混合做成陶粒骨料砌块，用来做建筑外墙的围护结构，陶粒空心砌块的保温节能效果可以达到节能的 50%以上。

粉煤灰陶粒小型空心砌块的特点：施工不用界面剂、不用专用砂浆、施工方法似同烧结多孔砖。隔热保温、抗渗抗冻、轻质隔声。根据施工需求的不同可以生产不同等级的陶粒空心砌块。

2021 年我国陶粒空心砌块工业总产量达到 1 620 万立方米。国外陶粒混凝土已广泛应用于工业与民用建筑的各类型预构件和现浇混凝土工程中。

二、装饰装修材料

硅藻泥是一种天然环保装饰材料，用来替代墙纸和乳胶漆，适用公共和居住建筑的内墙装饰。

硅藻泥的主要原材料是历经亿万年形成的硅藻矿物——硅藻土，硅藻是一种生活在海洋中的藻类，经亿万年的矿化后形成硅藻矿物，其主要成分为蛋白石。质地轻柔、多孔。电子显微镜观察显示，硅藻是一种纳米级的多孔材料，孔隙率高达90%。其分子晶格结构特征，决定了其独特的功能。

① 天然环保。硅藻泥由纯天然无机材料构成，不含任何有害物质。

② 净化空气。硅藻泥产品具备独特的“分子筛”结构和选择性吸附性能，可以有效去除空气中的游离甲醛、苯、氨等有害物质及因宠物、吸烟、垃圾所产生的异味，净化室内空气。

③ 色彩柔和。硅藻泥选用无机颜料调色，色彩柔和。墙面反射光线自然柔和，不容易产生视觉疲劳，尤其对保护儿童视力效果显著。硅藻泥墙面颜色持久，长期如新，减少全保湿，可以隔离玻璃表面与吸附的灰尘、有机物，使这些吸附物不易与玻璃表面结合，在外界风力、雨水淋和水冲洗等外力和吸附物自重的推动下，灰尘和油等自动地从玻璃表面剥离，达到去污和自洁的要求。在作为结构和采光用材的同时，转向控制光线、调节湿度、节约能源、安全可靠、减少噪声等多功能方向发展。

三、应用实例

宁波案例馆体现了“城市化的现代乡村，梦想中的宜居家园”的主题。2010 年上海世博会全球唯一入选的乡村实践案例，外墙是用 50 多万块废瓦残片堆砌，浇筑混凝土墙用的是竹片模板，墙面进行垂直绿化，屋顶试栽了水稻。

（一）绿色材料遵循的原则

① 在整个建筑生命周期内，把对自然资源的消耗（材料和能源）降到最低。

② 在整个建筑生命周期内，把对环境的污染降到最低。

③ 保护生态自然环境。

④ 建筑动用后，现成一个健康、舒适、无害的空间。

⑤ 建筑的质量、功能与目的统一。

⑥ 环保费用与经济性平衡。

（二）绿色建筑遵循的原则

① 资源经济原则。即在建筑中减少和有效利用非可再生资源，如易耗材料的再利用，太阳、风力利用，建筑屋顶和外表雨水收集利用等。

② 全生命设计原则。在建筑生命期内，在材料、设备生产、采购和运输、设计、建造、运行和维护，拆除和材料再生利用等方面减少消耗和环境影响。

③ 人道设计原则。人的一生 70%时间在室内，必须考虑人的室内生活质量和自然环境。

（三）绿色建筑与一般建筑的区别

绿色建筑的概念、基本原理、遵循原则，前面作了介绍，为了从理性上悟出绿色建筑的要点，不妨把二者作一些比较。

① 一般建筑在结构上趋向于封闭，通透性差，与自然环境隔离；绿色建筑的内部与外部采取有效的连通，融入自然。

② 一般建筑因设计、用材、施工的标准化、产业化，导致“千城一面”；绿色建筑倡导使用本地材料，建筑将随着气候、自然资源和地区文化传统的差异呈现不同的风貌。

③ 一般建筑的形体往往不顾环境资源的限制，片面追求批量化生产；绿色建筑被当作一种资源，以最小的生态和资源代价，获得最大效益和可持续发展。

④ 一般建筑追求“新”标志效应；绿色建筑倡导人与大自然和谐相处中获得灵感和悟性。

⑤ 一般建筑能耗大；绿色建筑极低能耗，甚至可以自身产生和利用可再生能源。

⑥ 一般建筑仅在施工过程或在动用过程中保护环境；绿色建筑在其全生命周期内保护环境，实现与自然共生。

第四章

BIM 绿色建筑设计

第一节 绿色建筑及其设计理论

一、绿色建筑的概念

目前，在我国得到专业学术领域和政府、公众各层面上普遍认可的“绿色建筑”的概念是由建设部在 2019 年发布的《绿色建筑评价标准》中给出的定义，即“在全生命周期内，节约资源、保护环境、减少污染，为人们提供健康、适用、高效的使用空间，最大限度地实现人与自然和谐共生的高质量建筑”。

绿色建筑相对于传统建筑的特点如下所示。

① 绿色建筑相比于传统建筑，采用先进的绿色技术，使能耗大大降低。

② 绿色建筑注重建筑项目周围的生态系统，充分利用自然资源，光照、风向等，因此没有明确的建筑规则和模式。其开放性的布局较封闭的传统建筑布局有很大的差异。

③ 绿色建筑因地制宜，就地取材。追求在不影响自然系统的健康发展下能够满足人们需求的可持续的建筑设计，从而节约资源，保护环境。

④ 绿色建筑在整个生命周期中，都很注重环保可持续性。

二、绿色建筑设计原则

绿色建筑设计原则概括为地域性、自然性、高效节能性、健康性、经济性等原则。

（一）地域性原则

绿色建筑设计应该充分了解场地相关的自然地理要素、生态环境、气候要素、人文要素等方面。并对当地的建筑设计进行考察和学习，汲取当地建筑设计的优势，并结合当地的相关绿色评价标准、设计标准和技术导则，进行绿色建筑的设计。

（二）自然性原则

在绿色建筑设计时，应尽量保留或利用原本的地形、地貌、水系和植被等，减少对周围生态系统的破坏，并对受损害的生态环境进行修复或重建，在绿色建筑施工过程中，如有造成生态系统破坏的情况，需要采用一些补偿技术，对生态系统进行修复。并且充分利用自然可再生能源，如光能、风能和地热能。

（三）高效节能原则

在绿色建筑设计体形、体量、平面布局时，应根据日照、通风分析后，进行科学合理的布局，以减少能源的消耗。还应尽量采用可再生循环、新型节能材料和高效的建筑设备等，以便降低资源的消耗，减少垃圾，保护环境。

（四）健康性原则

绿色建筑设计应全面考虑人体工学的舒适要求，并对建筑室外环境的营造和室内环境进行调控，设计出对人心理健康有益的场所和氛围。

（五）经济性原则

绿色建筑设计应该提出有利于成本控制、具有经济效益、可操作性的最优方案。并根据项目的经济条件和要求，在优先采用被动式技术前提下，完成主动式技术和被动式技术相结合，以使项目综合效益最大化。

三、绿色建筑设计目标

目前，对绿色建筑普遍认同的认知是，它不是一种建筑艺术流派，不是单纯的方法论，而是相关主体（包括业主、建筑师、政府、建造商、专家等）在社会、政治、文化、经济等背景因素下，试图进行的自然与社会和谐发展的建筑表达。

观念目标是绿色建筑设计时，要满足减少对周围环境和生态的影响；协调满足经济需求与保护生态环境之间的矛盾；满足人们社会、文化、心理需求等结合环境、经济、社会等多元素的综合目标。

评价目标是指在建筑设计、建造、运营过程中，建筑相关指标符合相应地区的绿色建筑评价体系要求，并获取评价标识。这是当前绿色建筑作为设计依据的目标。

四、绿色建筑设计策略

绿色建筑在设计之前要组建绿色建筑设计团队，聘请绿色建筑咨询顾问，并让绿色咨询顾问在项目前期策划阶段就参与到项目，并根据《绿色建筑评价标准》进行对绿色建筑的设计优化。

项目设计团队的主要成员及其职责包括以下几种。

① 项目甲方。在项目初期，组建设计团队，并与绿色建筑咨询工程师、建筑设计师等主要设计人员积极讨论，确定项目定位及项目的绿色建筑设计

任务。

② 建筑设计师。建筑设计的核心成员，负责建筑方案设计，并协调组织设计团队成员的相关配合。

③ 结构、暖通、给排水、电气工程师。在项目设计初期阶段，相关专业的设计人员及机电顾问、结构优化顾问、消防顾问等应立即加入设计团队，与建筑设计师及其他成员共同讨论建筑设计方案。

④ 景观设计工程师。在项目设计初期阶段，应当立即加入设计团队，与其他成员共同讨论建筑设计方案，尤其应加强与建筑、给排水、雨水/中水厂家的沟通。

⑤ 室内设计工程师。在加入设计团队后，应积极与团队其他设计人员加强沟通，明确绿色建筑在室内装修中的各种要求。

⑥ 绿色建筑咨询工程师。在项目建筑设计方案确定后，如采取雨水收集、中水回用、太阳能热水等绿色建筑设计时，需及时联系相关厂家，沟通深化技术方案。

⑦ 专项技术厂家。在项目规划阶段，与甲方、建筑设计师等其他设计人员共同讨论绿色建筑设计目标，并依据项目情况制定项目的绿色建筑设计方案，并在后续设计过程中，切实指导协调各方完成设计目标。

⑧ 环境评估人员。在项目规划前期，环境影响评价等相关环境评估人员介入，参与到项目的场址选择中。

⑨ 工程造价师。建筑项目提供全过程造价的确定、控制和管理。

绿色建筑设计策略如下。

（一）环境综合调研分析

绿色建筑的设计理念是与周围环境相融合，在设计前期就应该对项目场地的自然地理要素、气候要素、生态环境要素、人工要素等进行调研分析，为设计师采用被动适宜的绿色建筑技术打下好的基础。

（二）节地与室外环境

绿色建筑在场地设计时，应该充分与场地地形相结合，随坡就势，减少没必要的土地平整，充分利用地下空间，结合地域自然地理条件合理进行建筑布局，节约土地。

（三）节能与能源利用

1. 控制建筑体形系数

在冬季采暖的北方建筑里，建筑体形系数越小建筑越节能，所以可以通过增大建筑体量、适当合理地增加建筑层数，或采用组合体体形来实现。

2. 建筑围护结构节能

采用节能墙体、高效节能窗，减少室内外热交换率；采用种植等屋面节能技术可以减少建筑空调等设备的能耗。

3. 太阳能利用

绿色建筑太阳能利用分为被动式和主动式太阳能利用，被动式太阳能利用是通过建筑的合理朝向、窗户布置和吊顶来捕捉控制太阳能热量；而主动式太阳能利用是系统采用光伏发电板等设备来收集、贮存太阳能来转化成电能。

4. 风能的利用

绿色建筑风能利用也分为被动式和主动式风能利用，被动式风能利用是通过合理的建筑设计，使建筑内部有很好的室内室外通风；主动式风能利用是采用风力发电等设备。

（四）节水与水资源利用

1. 节水

采用节水型供水系统，建筑循环水系统，安装建筑节水器具，如节水水龙头、节水型电气设备等来节约水资源。

2. 水资源利用

采用雨水回收利用系统，进行雨水收集与利用。在建筑区域屋面、绿地、道路等地方铺设渗透性好的路砖，并建设园区的渗透井，配合渗透做法收集雨水并利用。

（五）节材与材料利用

采用节能环保型材料、采用工业、农业废弃料制成可循环再利用等材料。

（六）室内环境质量

进行建筑的室内自然通风模拟、室内自然采光模拟、室内热环境模拟、室内噪声等分析模拟。根据模拟的分析结果进行建筑设计的优化与完善。

第二节　BIM技术在绿色建筑设计中的方法

随着相关政策的发布如国务院印发《“十四五”节能减排综合工作方案》中，要求大力发展城镇绿色节能改造工程。绿色建筑在我国发展迅猛，为了评判建筑是否达到绿色建筑的标准，我国和地方都发布的相应地区的绿色建筑评价标准。由于我国绿色建筑相对于国外发展得还不成熟，所以在现阶段绿色设计上还存在一些问题。

一、绿色建筑设计存在的问题

（一）对绿色建筑设计理念的认识薄弱

现阶段的绿色建筑设计由于项目的设计时间不充裕。缺少与绿色建筑咨询团队的沟通，并没有使绿色咨询团队真正地参与到设计的每个阶段，尤其

现在的很多绿色建筑，在设计前期还是采用传统的设计方法，并没有对场地气候、场地的地形、地况、场地风环境、声环境等影响绿色建筑设计的自然因素进行科学有力的分析，只是按照设计师自己的经验进行前期设计，这导致绿色建筑的设计“节能”的理念没有从开始就进入到项目中，没有从根本上解决技术与建筑的冲突，而且现在绿色评估和性能模拟也是等到设计完成后再进行，并没有对设计形成指导性的作用。

当绿色建筑评选星级时，建筑可以依据合理的自然采光、自然通风达到评分要求时，也可以选择通过高性能的机电设备达到评分要求时，很多项目往往采用后者，花费大量资金使用高价的设备，这个现象造成的主要原因是设计人员缺乏对绿色建筑适宜性技术的理解，缺少对项目环境的分析和与绿色建筑咨询团队的密切沟通。

（二）全生命期内绿色建筑信息缺失

绿色建筑的理念注重全生命期，一个优秀的绿色建筑项目，不仅要在设计中应用到的绿色设计技术，还应该把产生的绿色建筑的设计信息数据传递下去，好使这些设计信息数据指导以后的施工及项目的运营维护。而现阶段的绿色建筑项目越来越复杂化，很难从众多的二维图纸提取有效的绿色建筑信息数据并一直保存到绿色建筑的运营阶段。在绿色建筑施工阶段审查时发现，许多的绿色建筑设计信息得不到实现，少数得以实现的设计也因为人员缺乏对资料数据保管意识薄弱和参与项目专业众多性，数据得不到统一的交付，导致绿色建筑在全生命期内信息缺失。

二、BIM 技术在绿色建筑设计中应用的优势

针对绿色建筑设计存在的问题，结合 BIM 技术的特点，利用 BIM 技术解决绿色建筑设计中的问题，优化绿色建筑设计。

（一）协同设计

绿色建筑是一个跨学科，跨阶段的综合性设计过程，绿色建筑项目在设计过程中，需要业主、建筑师、绿建咨询师、结构师、暖通工程师、给水工程师、室内设计师、景观工程师等各专业的参与和及时的沟通。以便大家在项目中统一综合一个绿色节能的设计理念，注重建筑的内外系统关系，通过共享的 BIM 模型，随时跟踪方案的修改，让各个专业参与项目的始终，并注重各个专业的系统内部关联，如安装新型节能窗，其保温性能比常规窗高，在夏天有遮阳通风等功能，这时就需联系设备专业，让设备工程师减少安装空调等设备。以降低能源消耗，BIM 技术协同设计的优势，解决了绿色建筑咨询团队与各参与方之间沟通的问题，提高对绿色建筑的认识，并使项目各个参与方随时跟进了解项目，以达到更好的绿色建筑项目的产生。

（二）性能分析方案对比

常规的绿色建筑的性能分析模拟，必须由专业的技术人员来操作使用这些软件并手工输入相关数据，而且使用不同的性能分析软件时，需要重新建模进行分析，当设计方案需要修改时，会造成原本耗时的数据录入重新校对，模型重新建模，这样就浪费了大量人力物力。这也是导致现在绿色建筑性能模拟通常在施工图设计阶段，成为一种象征性工作的原因。

而利用 BIM 技术，就能很好地解决这个问题，因为建筑师在设计过程中，BIM 模型就已经存入大量的设计信息，包括几何信息、构件属性、材料性能等。所以性能模拟时可以不用重新建模，只需要把 BIM 模型转换到性能模拟分析常用的 xml 格式，就可以得到相应的分析结果，这样就大大降低性能模拟分析的时间。

其次，通过对场地环境、气候等的分析和模拟，让建筑师理性科学地进行场地设计，提出与周围环境和谐共生的绿色项目。在方案对比时，利用 BIM 建立体量模型，在设计前期对建筑场地进行风环境、声环境等模拟分析，对

不同建筑体量进行能耗模拟，最终选定最优方案，在初步设计时，再次性能模拟对最优方案进行深化，以实现绿色建筑的设计目的。

（三）全生命期建筑模型信息完整传递

绿色建筑与 BIM 均注重建筑全生命期的概念。BIM 技术信息完备性的特点使 BIM 模型包含了全生命期中所有的信息，并保证了信息的准确性。利用 BIM 技术可以有效地解决传统的绿色建筑信息冗繁，信息传递率低等问题。BIM 模型承载着绿色建筑设计的数据，施工要求的材料、设备系统和建筑材料的属性、设备系统的厂家等信息。完整的信息传递到运营阶段，使业主更全面地了解项目，从而进行科学节能的运营管理。

三、基于 BIM 的绿色建筑设计方法

基于 BIM 平台进行绿色建筑设计，可以参照传统的设计流程，对绿色建筑设计流程进行规范，并使绿色建筑设计理念加入每个设计环节，使之成为可以在设计院实际操作的工作方法和工作流程。

首先，建立绿色建筑设计团队，由于绿色建筑包含专业较为广泛，所以应该在建筑、结构、电气、设备等专业团队的基础上，增设规划、经济、景观、环境绿建咨询等专业人员。绿色建筑团队扩建后，还要在此基础上进行 BIM 团队的整合，开始要指定专门的人为 BIM 经理，这就要求绿色建筑项目的 BIM 经理应该是对 BIM 技术及整个建筑绿色设计、施工、运行全面了解的人。他应带领 BIM 建模人员、BIM 分析员、BIM 咨询师和绿建设计团队，进行绿色建筑项目整体工作内容的编制，工作内容如下。

① 确定建设项目的目标，包括绿色建筑项目建成后的评价等级，搭建 BIM 交流平台让各参与方探讨研究项目的定位，统一形成共同的设计理念。

② 制定工作流程，在 BIM 经理的带动下，指定实际负责项目的工程师设计 BIM 模型，并确定不同的 BIM 应用之间的顺序和相互关系，让所有团

队成员都知道了解各自的工作流程和与其他团队工作流程之间的关系。

③ 制定建立模型过程中的各种不同信息的交换要求，定义不同参与方之间的信息交换要求，使每个信息创建者和信息接收者之间必须非常清楚地了解信息交换的内容、标准和要求。

④ 确定实施在 BIM 技术下的软件硬件方案，确定 BIM 技术的范围、BIM 模型的详细程度。

⑤ 确保绿色建筑设计团队在设计每个阶段的介入，保证对绿色建筑项目以绿色建筑评价标准的要求进行指导和优化。

因为现有的绿色建筑设计导则和评价标准的条文分类大部分是按建筑、结构、电气、设备等的专业体系分或者是按照“四节一环保”的绿色建筑体系进行分类，缺少以项目时间纵向维度为标准的分类，作者参考传统设计的时间流程也把绿色建筑设计分为设计前期阶段、方案设计阶段、初步设计阶段、施工图设计阶段四个阶段作为基于 BIM 技术在绿色建筑设计中的应用工作流程。这样保证了绿色建筑设计理念在整个设计过程中的使用。

第三节　BIM 技术在绿色建筑设计前期阶段应用

一、绿色建筑设计前期阶段 BIM 应用点

传统建筑的前期设计一般由建筑师们的经验积累做指导，而绿色建筑在设计前期阶段，为了达成《绿色建筑评价标准》的要求，需要综合考虑和密切结合地域气候条件和场地环境，了解绿色建筑设计相关的自然地理要素、生态环境、气候要素、人文要素等方面。为绿色建筑的场地设计打好基础，为优先被动设计技术做好预备。

自然地理要素包括地理位置、地质、水文，以及项目场地的大小、形

状等。

生态环境要素包括场地周边的生态环境包含场地周边的植物群落，本土植被类型与特征等、场地周边污染状况及场地周边的噪声等情况。

人工要素包括周边已有建筑、场地周边交通情况以及场地周边市政设施情况。

气候要素包括项目所在地的气候；太阳辐射条件和日照情况；空气温度包含冬夏最冷月和最热月的平均气温，和城市的热岛效应；空气湿度包含空气的含湿量等以及气压与风向。

绿色建筑设计师通过了解这些要素并综合分析，进行场地设计时应尽量保留场地地形，地貌特色，充分利用原有场地的自然条件，顺应场地地形，避免对场地地形、地貌进行大幅度地改造，尽可能保护建筑场地原有的生态环境，并尽最大努力改善和修复原有生态环境，使项目融入原有生态环境，减少对地表植被的破坏。为此在绿色建筑设计前期阶段，可以采用 BIM 技术进行场地气候环境分析，这样能为设计师更加科学地选出项目的最佳朝向，最佳布置做出良好的基础。对于场地的自然地理要素、生态环境要素、人文要素等，可以采用 BIM 技术进行场地建模，场地分析，场地设计。因为传统的基地分析会存在许多不足，而通过 BIM 结合地理信息系统（GIS），可以对场地地形及拟建建筑空间、环境进行建模，这样可以快速地得出科学性的分析结果，帮助建筑设计师本着绿色建筑节约土地、保护环境、减少环境破坏，甚至修复生态环境的原则，做出最理想的场地规划、交通流线组织和建筑布局等，最大限度地节约土地。

二、BIM 技术在绿色建筑设计前期的应用策略

（一）场地气候环境

通过对建筑场地气候的分析，建筑师充分了解场地气候条件后，以此来

考虑绿色建筑的适宜性设计技术。

在绿色建筑设计前期阶段，对场地气候进行分析，可以使用 BIM 软件 Ecotect Analysis 中的 Weather Tool，它可以将气象数据的二维数字信息转化成图像，从而帮助建筑师可视化地了解场地的相关气象信息，也可以将气象数据转换在焓湿图中，通过焓湿图可以让建筑师直观地了解到当地的热舒适性区域，并根据焓湿图分析各样的基本被动式设计技术对热舒适的影响。对于太阳辐射的分析，也可以通过 Weather Tool 来模拟得到场地地域各朝向全年太阳辐射情况；并根据全年内过热期和过冷期太阳辐射的热量计算项目的相对最佳建筑朝向。通过软件的分析，长春地区最佳朝向是南偏东 30° 南偏西 10°。适宜朝向南偏东 45° 南偏西 45°，不宜朝向北、东北和西北。

（二）场地设计

场地设计的目的是通过设计，使场地的建筑物与周围的环境要素形成一个有机的整体，并使场地的利用达到最佳状态，从而充分发挥最大的效益，以达到绿色建筑节约土地的目的。传统的建筑场地设计大多是设计师依据自己的经验和对场地的理解进行设计，但场地设计涉及很多要素，人工分析还是会有很大的困难。但应用 BIM 技术可以解决传统设计的不足，首先用 BIM 技术进行场地模型，并在场地模型基础上进行场地分析，进而就可以进行科学合理的场地设计。

1. 场地建模

场地模型通常以数字地形模型表达。BIM 模型是以三维数字转换技术为基础的，因此，利用 BIM 技术进行场地模型，数字地形高程属性是必不可少的，所以首先要创建场地的数字高程模型。

建立场地模型的数据来源有多种，常用的方式包括地图矢量化采集、地面人工测绘和航空航天影像测量三种。随着基础地理信息资源的普及，可免费获取的 DEM 地形数据越来越多，即使无法直接获得 DEM 模型，但有地形的基础数据，非数字化、三维化的地形资料，可以通用的软件 Revit、Civil3D

等 BIM 软件创建场地地形模型，以 Revit 场地建模为例，首先，设置“绝对标高”的数值，然后导入 DWG 或 DGN 等格式的三维等高线数据，最后通过点文件导入方式创建地形表面。

当无法获取 DEM 数据或获得的时效性差，需要获取周围现有建筑，周围植物密度、树形、溪流宽窄等情况时，需要自行获取地形数据。目前，采用无人机扫描和无人机摄影测量两种方式，它们主要通过扫描和摄影，结合全站仪和测量型 GPS 给出的坐标控制点，把这些导入软件并进行处理形成 DEM。对现有周围建筑物，可采用地面激光扫描建模和无人机测绘建模，地面激光扫描是通过基站式扫描仪在水平和仰视角度接收和计算目标的坐标形成测绘，无人机测绘建模是多角度围绕拍摄定点合成建筑外形。

2. 场地分析

项目场地大多数是不平整的，场地分析的重要内容是高程和坡度分析。利用 BIM 场地模型，可以快速实现场地的高程分析、坡度分析、朝向分析、排水分析，从而尽量选择较为平坦、采光良好、满足防洪和排水要求的场地进行合理规划布局，为建设和使用项目创造便利条件。

高程分析可以使用 BIM 软件 Civil3D，在软件中首先在地形曲面的曲面特性对话框“分析”中设定高程分析条件、高程分析的最值、高程分析的分组数，即可得到高程分析结果。通过高程分析，设计师可以全面掌握场地的高程变化、高程差等情况。通过高程分析也可为项目的整体布局提供决策依据，以便满足建筑周边的交通要求、高程要求、视野要求和防洪要求。

坡度分析是按一定的坡度分类标准，将场地划分为不同的区域，并用相应的图例表示出来，直观地反映场地内坡度的陡与缓，以及坡度变化情况。在 Civil3D 软件分析结果有不同颜色，或具体颜色坡度箭头两种表示方法。

朝向分析是根据场地坡向的不同，将场地划分为不同的朝向区域，并用不同的图例表示，为场地内建筑采光、间距设置、遮阳防晒等设计提供依据的过程。使用 Civil3D 软件，设定朝向分组，把设定的朝向分析主题应用到场地模型，即可得到场地朝向分析结果。

排水分析，在坡地条件下，主要分析地表水的流向，做出地面分水线和汇水线，并作为场地地表排水及管理埋设依据。使用 Civil3D 软件，首先在地形曲面特性对话框“分析”标签页设定最小平均深度，并设置分水线、汇水线、汇水区域等要素颜色，并运行分析功能，并在地形模型中显示分析结果。

3. 场地平整

场地平整是对要拟建建筑物的场地进行平整，使其达到最佳的使用状态，场地平整是场地处理的重要内容。平整场地应该坚持尽量减少开挖和回填的土方量，尽量不影响自然排水方式，尽量减少对场地地形和原有植被的破坏等原则进行。BIM 技术的场地平整是基于三维场地模型进行的，使用 Revit 软件进行场地平整。首先在现有地形表面创建平整区域，然后在平整区域设置高程点，完成后的地形表面会和原地形表面重叠显示，使用 BIM 技术进行平整场地，可以进行多方案设计。因为可以直接得到精准的施工土方量，所以使设计师更加科学地选取最优方案，减少土方施工。

4. 道路布设

道路是建筑内部的联系，在道路设计时尤其是复杂地形的项目，除了要满足横断面的配置要求，符合消防及疏散的安全要求，达到便捷流畅的使用要求外，还需要考虑与场地标高的衔接问题。而在 BIM 的 PowerCivil 软件中场地道路设计就能够依照设计标高自动生成道路曲面，实现平面、纵断面、横断面和模型协调设计，具有动态更新特性，从而帮助设计师进行快速设计、分析、建模，方便设计师探讨不同的方案和设计条件，摆脱传统设计过程中繁多琐碎的画图工作，从而为高效地设计场地道路选出最佳方案。

第四节　BIM 技术在绿色建筑方案设计阶段的应用

一、绿色建筑设计前期阶段 BIM 应用点

在绿色建筑方案设计阶段，设计师应合理结合场地的地形、地貌进行日照、通风等分析，合理地使用被动式设计进行体型设计和建筑布局规划。其实被动设计体型设计和建筑布局规划就是要处理好日照和通风的关系，合理的建筑体型设计与建筑布局规划可以达到绿色建筑节料、节地、节能的目的。设计师还需要对形成的概念方案进行初步的生态模拟和能耗分析，从而让设计师从环境影响的角度并结合绿色建筑咨询团队，选择对比最优方案。

近年来，我国许多标志性复杂建筑都按照绿色建筑的目标来建设的，所以这些大型建筑的外形很复杂，对于传统的二维设计存在很大的工作量。而使用 BIM 技术进行初步的建筑体量和建筑体型的概念设计，就会快速地完成设计，减少工作时间。针对建筑的布局规划，结合设计前期的场地分析和设计，使用 BIM 技术进行日照和通风模拟，来设计建筑的朝向和建筑间距，最终选出最佳建筑布局。

对于方案的对比，借助 BIM 技术对模型进行初步能耗模拟、性能分析对比方案，并与绿色建筑专家、能源咨询师、设备工程师等协助优化分析选出最优建筑方案，使之成为真正的绿色建筑。

二、BIM 技术在绿色建筑方案设计阶段的应用策略

（一）建筑体型设计

随着社会经济的不断发展，人们对建筑外形的要求不单单是简洁的方形

体，人们要求建筑既实用又美观，甚至要求建筑具有一些精神象征或希望建筑物能成为一种标识。就像北京奥运会的体育场馆——鸟巢等形体复杂标识性很强的建筑。而像这些外形复杂的建筑不但要考虑建筑形体的合理性、内部结构的实用性，而且还要考虑通过设计建筑体型，来达到建筑节能的目的。这时就需要借助BIM技术的参数化设计和可视化设计快速进行概念建模。

在Revit软件中有参数化设计功能——自适应功能。这个功能是在自适应组里根据若干个点进行构件的定位和建模，载入其他构件组后。按顺序拾取目标点，便可将原来的指定点逐一对应到目标点，同时形体主动适应新的几何构件。在一些参数的控制下，自适族可以做出具有规律性的体量或表皮效果；甚至可以叠加参数的变化，得出出乎意料的复杂结果。参数化设计的优点就是借助参数进行对形体的描述快速高效的建模，并对模型进行可变参数修改时，系统能够自动保持所有的不变参数，保证信息的协调性。因此大大提高了设计工作效率。

可视化设计可以随意变换角度观察，视点既可以是室内也可以是室外，既可以是一点透视，也可以鸟瞰，全面地把握建筑的整体效果。除了整体效果以外，BIM模型可以方便地进行局部的观察，给方案细节的设计与调整带来了极大的方便。在Revit软件中提供了一个称为“设计选项”的功能，可以在同一个主体模型里，对局部进行多个方案的设计，不同的方案归于不同的“设计选项”既可互不干扰，也可以随时切换进行对比。为设计师带来了极大的方便。

（二）总平面布局

在建筑设计前期，进行场地分析和周围环境的调研，对于建筑的总平面布局，应结合设计前期通过BIM技术场地的分析和场地环境等数据，进一步通过BIM技术的日照和通风模拟，科学有效地设计建筑的朝向和建筑间距，实现建筑的总体布局。

1. 朝向

场地的地理环境、场地条件及场地气候特征等都是建筑朝向的影响因素，其中日照、通风、热辐射是影响建筑朝向的主要气候因素，选择好建筑朝向是建筑节能的前提。而在项目设计前期阶段，利用 BIM 技术，可以科学地分析项目场地的气候条件。接下来应该根据前期场地气候数据，再结合日照、通风、热辐射等分析确定建筑最佳朝向。

设计师还可以根据日照分析，充分考虑利用太阳能，进行太阳能主动和被动设计。以达到绿色节能的目的。

对于通风分析，室内良好的热舒适度一般由合理、适宜的建筑通风决定的，所以设计建筑朝向时，要尤其考虑建筑朝向与夏季主导风向的关系，以便于室内穿堂风的组织与利用。通过 Ecotect 气候工具 Weather Tool，可以分析项目地区的冬、夏季的主导风向。

对于热辐射分析，蓝色的曲线表示严寒冬季的太阳辐射情况，红色的曲线则表示炎热夏季各个方向的太阳辐射状况，绿色的曲线表示全部方向的太阳辐射年平均值。

建筑的最佳朝向是既要在冬季有较长日照的时间，也要在夏季避免过多的日照，还要达到有利于建筑自然通风的要求来确定的。根据综合模拟得到长春地区最佳朝向是南偏东 30°南偏西 10°。适宜朝向南偏东 45°南偏西 45°，不宜朝向北、东北、西北，但是具体项目还要结合场地环境进行具体分析。同时还需要利用 BIM 技术进行能耗分析，对比多个方案的能耗，不断改善优化设计。

2. 间距

（1）利用阴影范围确定间距

利用 Ecotect 中的“阴影范围”功能，就可以分析特定时间段内建筑的阴影分区特点及变化规律，Ecotect 作为分析建筑日照间距的最常用工具，阴影范围是指定时间间隔在当日各个时间段的阴影变化范围，通过改变时间，可以实现阴影范围的自动更新。通过对方案体量的模型进行日照模拟分析，可以很直观形象地观察到每个时间点的阴影，从而确定建筑间距，节约土地。

（2）利用通风分析确定建筑间距

创造良好的通风对流环境，建立自然空气循环系统，是绿色建筑设计的一个重要体现。拥有良好的通风条件是确定合理的建筑间距影响重要因素之一，而影响通风环境最大的是处在迎风面的前面建筑物的阻挡。由于前面建筑形体（宽度、高度）的不同，从而会影响建筑背风面的漩涡范围，影响建筑通风间距。根据不同角度的风向模拟，可以得出 90° 的风向入射角最不利于外部环境的通风。为了给建筑室内通风提供良好的条件，设计师应沿其气流方向增大建筑间距，或通过采用较大风向入射角的布局方式来改善自然通风的效果。

（三）建筑性能模拟分析

在绿色建筑方案设计阶段生态性能模拟对设计建筑体型和建筑平面总布也会起到辅助作用。对于复杂外形的建筑，如上海中心大厦，为了选出合理化设计角度，设计师对不同旋转角度模型做了风模拟，最终选出抗风荷载最大，安全系数最高的外形旋转角度。建筑生态性能模拟分析是实现绿色建筑节能的重要手段，所以实现绿色建筑方案阶段的节能设计，要重视模拟分析与设计过程的反馈，从而为建筑方案设计提供帮助。在对比方案时，设计师可以对不同方案进行场地及环境、场地噪声、初步的能耗模拟等分析，来选取最优方案。

1. 场地风环境模拟

场地风环境模拟分析是为了项目得到有效的室外风环境。结合《绿色建筑评价标准》的通风要求，调整设计建筑群的总布局，从而获得良好的风环境。

场地风环境模拟一般采用 CFD 仿真工具，CFD 仿真分析所反映的自然风气流密度、气流主导方向、最大流速点等信息可为建筑合理间距、建筑造型、

朝向、布局等方面提供合理科学地优化依据，为园区参与绿色建筑评估提供技术论证，确保行人活动区风速<5 m/s。

2. 场地噪声模拟

声环境是建筑物理环境的一个重要组成部分。场地声环境的主要研究是建筑工地环境噪声源的控制和改进。当今越来越多的人意识到居住区的噪声危害。相比于传统的场地噪声实时监测，现有的计算机声环境预测模拟分析技术，就要简单方便得多。目前，场地噪声模拟采用 Cadna/A 软件。

3. 能耗模拟

能耗模拟是基于传热的基本理论针对建筑进行全年逐时仿真模拟预测，建筑的能源消耗一般来说，全年的能耗是评价建筑性能的一个非常重要的宏观指标，它可以直观地针对设计进行比较。在我国和很多国家的节能标准中，通过以设计建筑与基准建筑的能耗比值作为法定节能评价指标，我国节能标准中常常提到权衡设计实际上就是一种能耗模拟，能耗模拟软件常用的是 EnergyPlus。进行能耗模拟首先建立包含封闭空间的模型，并输入围护结构、房间温度和机电系统的数据信息，然后以 gbXML 格式导出模型，在能耗模拟软件中，导入模型进行初步的模拟分析。

第五节 BIM 技术在绿色建筑初步设计阶段的应用

一、绿色建筑初步设计阶段的 BIM 应用点

绿色建筑初步设计阶段是在方案设计的基础上开展的技术方案细化的过程，主要任务是完成各个专业系统方案的深化设计，并在 BIM 平台进行各专

业的协同设计。

在绿色建筑初步设计阶段，围绕方案的深化过程，BIM技术最主要的应用是随设计的深化逐步展开细节的性能模拟，然后根据性能模拟结果进行优化的过程，包括以下两方面。

通过风环境模拟、光仿真模拟、热模拟、声仿真模拟对建筑群体布局和建筑单体形式进行再次优化。

通过对室内空间光环境和风环境的模拟对室内环境进行模拟优化，使建筑室内达到良好的空间舒适度，及时发现问题，在专业型之前调整空间布局或者优化局部构造。

二、BIM技术在绿色建筑初步设计阶段的应用策略

在绿色建筑初步设计阶段，设计师一方面应充分考虑建筑空间为各种活动提供恰当功能，达到使用性能的最优化，尽可能消除微环境使用性能的不利因素；另一方面则应充分考虑所涉及的外界自然环境影响的性能因素，从气流（室外风、室内风、人工气流组织）、光、热、声和能源多个方面综合考虑其自然能源利用的最大化，常规能源节约的最大化等方面优化设计方案，充分改善建筑的设计性宗旨。

借助BIM技术进行模拟项目建成后的风、光（采光、可视度）、热（温度、辐射量、日照）、声（声效、噪声）和能源（能耗、资源消耗）的外界条件，通过性能仿真模拟，可以提前检验项目方案实际使用性能，并分析评估建成后的预期运行效果，采取必要的技术措施来调整优化建筑设计，从而达到最大限度优化设计方案，使建筑达到绿色建筑评价等级的目标。

（一）风环境模拟分析与优化

在初步设计阶段，自然通风模拟采用CFD软件中Fluent，STAR-CCM+，Phoenics等，自然通风模拟是从室外风环境模拟提取风压数据，然后在BIM

软件中导出进行的通风分析的室内模型，模型的格式为 SAT 或 STL。其次在 STAR-CCM＋等 CFD 软件导入 BIM 室内模型、划分计算网络并指定开口风压数据，如果考虑热压的作用，需要同时设置温度、辐射、围护结构热工等参数。最后是设置 K-E 湍流模型及相应的收敛条件，设置所有的条件后就可以进行模拟。

通过对自然通风的模拟，保证达到《绿色建筑设计标准》“主要功能房间换气次数不低于每小时 2 次”的要求，并通过自然通风模拟对房间的进深进行优化设计。

（二）光仿真分析优化

城市居民每天 80%～90%的时间都是在各种室内环境中度过的，光环境不但可以直接影响到人的工作与居住生活，还会严重影响人类的身心健康。初步设计阶段的光仿真分析一般包括自然光模拟分析和可视度分析。

1. 自然光模拟分析

自然采光是建筑中最重要影响因素之一，拥有良好的自然采光条件，可以获得更好的使用舒适度，并且能减少一些不必要的照明和空调能耗。除此之外，自然采光也是建筑艺术创作的重要手段，它可以起到塑造空间的作用。在建筑建成之前，采用自然光模拟，分析方案的室内自然采光效果，通过调整建筑布局，饰面材料、围护结构的可见光透射比，进而优化建筑室内布局设计，从而打造出舒适的能耗较低的居住、办公环境。

自然采光模拟常用 Ecotect Analysis 软件，其软件的应用流程是首先导出 BIM 软件的 gbXML 格式的模型文件，其模型文件包含了材质及地理位置等一系列的信息和数据；然后需要设置工作平面位置、天空模型和分析指标类型；最后展开模拟计算。另外，需要注意是，建筑周围的遮挡物在自然采光模拟中是需要考虑的，否则将会导致模拟结果的偏差。为了达到良好的室内采光，可以优化房间的进深，原则上房间的进深越小，建筑的自然采光越好。建筑室内净高越高，建筑的自然采光越好，所以在不影响建筑室内空间合理使用的前提下，设计师应尽可能地减少建筑房间进深或加大房间净高，提高建筑的自然采光程度，降低建筑的能耗。

2. 可视度分析

可视度分析在绿色建筑初步设计阶段主要用作重要建筑物所处区位的可视面积的定量计算，为重要建筑物在总平面上的布局合理间距提供技术优化分析；可视度分析也能对建筑内部向室外或者其他区域的可视情况进行分析，计算可视面积，确定室内对室外或其他区域的可视视野，改善使用者的视觉体验。

利用光环境仿真模拟可以得出建筑空间内部的等照度云图、自然光采光系数分布云图，其直观的分析结果为建筑物的自然采光提供优化技术措施，最大限度利用自然光采光，减少人工照明，保证室内照度分布的均匀性，确定开窗的形式及窗口尺寸和比例，营造良好的室内光环境气氛。配合灯具性能的参数设定，能优化人工照明设计方案，最大限度节约资源，减少眩光等不益的光照。

（三）热模拟分析优化

根据研究表明，夏季温度每增加 1 ℃，或冬季每降低 1 ℃，电量的消耗就会增加 6%～10%，所以良好的建筑热环境会降低能耗，节约能源。

绿色建筑初步设计阶段的热仿真分析主要包括建筑表面温度分析，表面日照辐射量分析，日照时间分析。在初步设计阶段热模拟主要用于对总平面布局及建筑遮阳、保安保温方案等进行优化，减少“热岛”效应，改善室内热舒适度。通常使用 Autodesk Ecotect Analysis、Ansys Fluent，清华日照分析等软件。

日照分析侧重分析建筑群组之间相互影响和遮挡的适宜关系，居住区的规划设计对室内日照有较明确要求，日照分析可以模拟得出的建筑全年时间内任意时间的全天日照总时数、生成日照时间分布图，可用于确定建筑布局及合理间距，从而最大限度地节约土地，避免不合理遮挡。

当规划设计有更高的性能要求，如需要测算整个建筑群的太阳辐射量、温度分布等情况时，采用太阳辐射仿真分析得出太阳辐射量分布云图、温度分布云图、太阳运行轨迹分析图等结果能够为规划设计优化，直观展示建筑的遮挡和投影关系，单体建筑遮阳，为建筑合理布局提供优化技术措施。

（四）声仿真分析

建筑声环境不仅为人们提供安静舒适的生活、学习和工作条件，还为人们上课、开会、参加音乐会等活动提供高质量的声学效果。相关的研究涉及隔声、吸声、消声、隔振、噪声控制、厅堂音质等领域。

在初步设计阶段，声仿真分析主要是在建筑群组受周围交通道路影响，人群嘈杂影响等噪声的环境条件下，模拟建筑几何表面的噪声分布及建筑形成的园区内部的噪声分布，通过噪声线图、声强线图等模拟结果，可为建筑物布局的合理性、建筑物间距确定、隔声屏障设置等提供科学的设计分析依据，为优化规划设计提供指导。主要的模拟软件包括 Cadna/A、SoundPLAN 等。

（五）能耗仿真分析

在初步设计阶段，建筑方案几何形状、总平面布置朝向、遮阳系统、节能材料的使用等都会影响其能源的消耗，设计师根据这些基础数据建立建筑能源消耗分析模型，通过调整仿真模型的建筑造型、布局朝向、遮阳、窗墙比、围护结构等参数，节能材料的类别，能够快速比对方案的全年运行能耗，起到优化单体建筑设计、节约能源、降低资源消耗，减少二氧化碳排放的指导作用。主要仿真软件有 EnergyPlus、DesignBuilder 等。

第六节 BIM 技术在绿色建筑施工图设计阶段的应用

一、绿色建筑施工图设计阶段的 BIM 应用点

绿色建筑在施工图设计阶段，主要的设计内容是以 BIM 建筑信息模型作为设计信息的载体，综合建筑、结构、设备等各个专业，协同深化设计，相互校对，尤其是借助 BIM 技术管线的综合与冲突检查，这样能有效避免施工时管线的碰撞，返工、浪费施工时间等问题，从绿色建筑的设计理念角度来看，也节约了建筑的材料，为绿色施工做出了良好的指导性作用。

针对大型化复杂化的绿色项目，使用 BIM 技术在施工图设计阶段进行管线综合和冲突检查比传统二维设计有巨大的优势。

（一）设计可视化

BIM 信息模型涵盖了项目的物理、几何、功能等信息，可视化可以直接从 BIM 模型中提取信息，并且可视化模型可以随着 BIM 设计的改变而改变，保证可视化与设计化的一致性。在管线综合布置中，利用可视化设计的优势可以对管线的定位标高明确标注，并且直观地看出楼层的高度分布情况，发现二维中难以发现的问题，间接达到优化设计的目的，减少碰撞现象的发生。进行直观合理地设备管道排布，减少专业管线间的冲突。

（二）管线综合和冲突检查

BIM 技术在管线综合设计时，利用其碰撞检测的功能，彻底地检查各专业之间所有的碰撞冲突问题，并及时反馈给设计人员、业主与专家，使他们

能够及时地协调沟通，进行调整，及时消除项目中所有的碰撞问题。

（三）可出图性与参数化设计

BIM 技术的可出图性表现在建筑或机电所有的三维模型的任何需要的地方，进行剖切，生成大样图并调整位置关系，导出最终的二维施工图。当建筑有修改时，相比于传统的二维设计，借助 BIM 技术参数化技术修改更为方便。

（四）辅助工程算量

因为 BIM 模型是一个数据信息集成的模型，BIM 软件自身具备明细表统计功能，它会把材料、构建模型进行汇总、筛选、排列，建立与工程造价信息的对应关系，辅助替代一些算量的工作。

二、BIM 技术在绿色建筑施工图设计中的应用策略

管线综合布置是将建筑空间内各专业管线、设备在图纸文件或模型中，根据不同专业管线的施工安装要求、功能要求、运营维护要求等，兼顾建筑结构设计和室内设计的限制条件，对管线与设备进行统筹布置的过程。随着社会的发展，现代的建筑为了满足人们更高的生活需求，需要水、电、空调等设备管道，随着互联网的发展，智慧城市的建设，网络、监控等智能化系统管道也有所增多，在有限的空间中，管线越来越多。采用传统的二维设计，仅靠二维平面图很难精确的表达，这样就会容易产生碰撞，到施工时会影响到施工进度，浪费时间，影响项目成本。修改时缺少直观、有效的联动方式，加大了修改时间，拖延设计，而 BIM 技术为管线综合布置提供了便利。运用三维可视化在真实尺寸的模拟空间建立真实尺寸的管线，并与其他专业协同设计，相互避让，避免管线间与邻近构件相互干扰，解决可能碰撞等问题。

碰撞检查分析软件以 Autodesk Navisworks Manage 为主，使用该软件可

以很好地解决传统二维设计下无法避免的错、漏、碰、撞等现象。根据碰撞检测报告，对管线进行调整。从而满足设计施工规范、体现设计意图、符合业主和维护检修空间的要求，使得最终模型显示为零碰撞。在查看碰撞时设置碰撞项目的高光颜色，并可以按照碰撞状态来查看碰撞。

三、工程实例

项目为某地区的文体中心，设计目标为绿色建筑、国家绿色评价标准 3 星。建筑分为地上，地下两个部分。总建筑面积为 11 660 m^2。该项目采用 BIM 技术进行设计。并采用 BIM 技术进行性能能耗模拟分析，为项目选择适宜地被动设计措施，为该项目的绿色节能设计目标提供了强大的支持。

该项目采用 BIM 技术设计分四个阶段，为设计前期阶段、方案设计阶段、初步设计阶段、施工图设计阶段。

（一）设计前期阶段

借助 BIM 技术对场地地形、场地周围环境、场地气候、进行分析了解。

项目开始通过甲方提供的地形数据，使用 AutoCADCivil3D 软件进行场地的建模，导入模型信息，对地形进行高程分析、坡度分析等场地分析。

使用 Ecotect 软件，进行场地气候分析，为建筑总体布局和建筑形体科学地指导作用。

（二）方案设计阶段

建筑形体的设计，根据设计前期模拟分析结果，使用 BIM 参数化、可视化技术进行各种体量、形体的建模，通过分析得到方案建筑型体。

对得出的几种建筑体量外型进行各种性能模拟分析和简单的能耗模拟得出分析结果后进行建筑最佳朝向，最佳体型的选择，选出最佳方案。

通过一系列的分析模拟，对四个方案的分析结果进行对比权衡，最终选

出最佳型体，它是最符合低碳节能的理念要求的型体，这时设计师对最佳形体进行再一步的优化设计。

（三）初步设计阶段

初步设计阶段是对建筑模型进行细化设计，并在设计的过程中通过性能模拟分析，利用 Ecotect、IES、STARCCM+等这些节能分析软件，根据这些分析结果让各个专业的设计师选择适宜性的节能措施，对空调等暖通设备、照明设备等主动节能措施加以整合，并深入优化。最后随着方案的不断优化获得详细的模型。使用 BIM 技术，将模型导入分析软件，并在软件中输入基础气候数据，对建筑模型整体进行采光模拟，优化室内采光，满足建筑物房间内的采光要求。

与此同时与电气专业设计协调交流，根据 Ecotect 分析结果，尽量选择节能的光照设备补充光照的范围和强度，来满足室内光照条件。

充分利用太阳能，通过光伏模拟软件 PVsyst，针对不同角度坡屋顶进行太阳能光伏进行对比分析，最后选出发电量最大，建筑结构最优的排布方案。

（四）施工图阶段

在施工图阶段，利用 BIM 技术进行协同、可视化的综合管线排布，为了给施工时提供保障，最后需要对综合管线进行碰撞模拟分析，并完成碰撞地方的优化。

利用 BIM 模型导出二维平立剖图纸，并生成项目 BIM 模型效果图。

第五章

BIM 技术的建筑项目管理体系的研究

第一节　对于 BIM 实施总体目标的分析

一、纠正对 BIM 应用的一些错误认识

在 BIM 实施应用的过程中，经常碰到这样的问题：企业购买了 BIM 软件，也派人学会了软件使用，回来以后还是不知道如何利用 BIM 为团队或企业创造效益。是 BIM 软件没买对吗？是 BIM 软件特别难使用吗？还是工程师没学会呢？对于不同的企业来说，这些情况都有可能。建议先从宏观或者战略层面入手，分析从企业高管到基层，对 BIM 的认识是否处在同一起跑线上。BIM 对中国的整个工程建设行业来说还是一个新生事物，以行业目前已经普及并正在大面积使用的 CAD 作为参照系，可以帮助理解为什么 BIM 应用不容易成功。

BIM 与 CAD 的相异之处主要有以下几点。

第一，BIM 不是一个软件的事。CAD 基本上用一个软件就完成了“甩图板”的工作，直尺、圆规、比例尺、橡皮擦，一切尽在一个 CAD 软件中，用 CAD 做出来的成果就是客户跟你要的东西——图纸。而用 BIM 做出来的东西（BIM 模型）不是客户需要的最终产品，而只是可以产生客户最终产品的

"原材料"——模型和信息，你还需要用其他的应用软件把这些"原材料"处理成客户需要的成品，当然这些成品的种类和质量可以超越以前 CAD 提供的内容。

第二，BIM 不只是简单地换一个工具的事。1998 年，科技部、建设部等几个部委把推广普及 CAD 的活动称之为"甩图板"，这个说法提出来以后，曾经引起不小的争论，有相当一部分人认为这个提法只代表了 CAD 的"Drafting"功能，而没有很好代表 CAD 的"Design"功能。十多年后的今天，大家都会同意，当年用"甩图板"来描述 CAD 推广普及的这个说法相当精准，CAD 就只是换了工程师绘图的工具，CAD 大范围推广普及的快速成功，正好从另外一个角度说明了"甩图板"这个说法的传神。而这正是 BIM 和 CAD 的又一个不同点，也是导致 BIM 应用不容易成功的难点所在，BIM 不仅改变了从业者的生产工具，同时也改变了 CAD 没有改变的生产内容——图纸。

第三，BIM 不是一个人的事。企业 100 人当中有一个人开始使用 CAD，其他人还用手工绘图，这一个人马上就可以产生效益。因此 CAD 的推广普及更多地体现为自下而上的态势，工程师看到其他企业的同行用 CAD 绘图又快又好，回来就向企业负责人要求买电脑买软件。这里面至少包含了两个信息，其一，CAD 可以一个人产生效益；其二，谁使用 CAD，谁直接获益。而 BIM 在这两点上与 CAD 都有较大区别，首先，BIM 产生的 BIM 模型只是生产客户需要产品的"原材料"，使用这个"原材料"生产不同的客户要求的产品，不可能由一个人单独完成（涉及不同专业、不同项目阶段等），一个人只能利用"原材料"生产自己负责的那部分产品。显而易见，使用这个"原材料"的人越多，"原材料"能发挥的价值也越高；其次，利用 BIM 模型产生最大利益的一方未必就是建立 BIM 模型的一方，这就发生了"前人栽树后人乘凉"的情况。

第四，BIM 不是换一张图纸的事。CAD 生产的电子版本图纸和手工绘制的纸质图纸在本质上没有什么区别，有电脑可以在电脑上交流，没有电脑打印在图纸上就解决问题了。BIM 的成果是多维的、动态的，输出到图纸上的只能是 BIM 成果在某一个时间点和某一个投影方向的"快照"，要完整理解和应用BIM成果，目前的技术条件下必须借助电脑和对应的软件才能完成，就像看3D电影必须借助3D眼镜一样。这种转变，除了技术设备需要更新以外，从业人员的知识构成和工作习惯也面临着更新的挑战。当然，在人员和设备条件保持现状的前提下，可以通过多输出一些上述所说的“快照”来充分利用BIM给项目建设运营带来价值。

二、BIM技术的特点

BIM技术具有以下特点。

第一，可视化。可视化即“所见所得”的形式，对于建筑行业来说，可视化的真正运用在建筑业的作用是非常大的，例如经常拿到的施工图纸，只是各个构件的信息在图纸上的采用线条绘制表达，但是其真正的构造形式就需要建筑业参与人员去自行想象了。对于一般简单的东西来说，这种想象也未尝不可，但是现在建筑业的建筑形式各异，复杂造型在不断地推出，那么这种光靠人脑去想象的东西就未免有点不太现实了。所以BIM提供了可视化的思路，让人们将以往的线条式的构件形成一种三维的立体实物图形展示在人们的面前；现在建筑业也有设计方面出效果图的事情，但是这种效果图是分包给专业的效果图制作团队进行识读设计制作出的线条式信息制作出来的，并不是通过构件的信息自动生成的，缺少了同构件之间的互动性和反馈性，然而BIM提到的可视化是一种能够同构件之间形成互动性和反馈性的可视，在BIM建筑信息模型中，由于整个过程都是可视化的，所以，可视化的结果不仅可以用来展示效果图及生成报表，更重要的是，项目设计、建造、运营过程中的沟通、讨论、决策都在可视化的状态下进行。

第二，协调性。这个方面是建筑业中的重点内容，不管是施工单位还是业主及设计单位，无不在做着协调及相配合的工作。一旦项目的实施过程中遇到了问题，就要将各有关人士组织起来开协调会，找出各施工问题发生的原因及解决办法，然后出变更，做相应补救措施等进行问题的解决。那么这

个问题的协调真的就只能出现问题后再进行吗？在设计时，往往由于各专业设计师之间的沟通不到位，而出现各种专业之间的碰撞问题，例如暖通等专业中的管道在进行布置时，由于施工图纸是各自绘制在各自的施工图纸上的，真正施工过程中，可能在布置管线时正好在此处有结构设计的梁等构件妨碍着管线的布置，这种就是施工中常遇到的碰撞问题，像这样的碰撞问题的协调解决就只能在问题出现之后再进行吗？BIM 的协调性服务就可以帮助处理这种问题，也就是说 BIM 建筑信息模型可在建筑物建造前期对各专业的碰撞问题进行协调，生成协调数据，提供出来。当然 BIM 的协调作用也并不是只能解决各专业间的碰撞问题，它还可以解决如电梯井布置与其他设计布置及净空要求之协调、防火分区与其他设计布置之协调、地下排水布置与其他设计布置之协调等问题。

第三，模拟性。模拟性并不是只能模拟设计出的建筑物模型，还可以模拟不能够在真实世界中进行操作的事物。模拟性设计阶段，BIM 可以对设计上需要进行模拟的一些东西进行模拟实验，例如：节能模拟、紧急疏散模拟、日照模拟、热能传导模拟等；在招投标和施工阶段可以进行 4D 模拟（三维模型加项目的发展时间），也就是根据施工的组织设计模拟实际施工，从而确定合理的施工方案来指导施工；同时还可以进行 5D 模拟（基于 3D 模型的造价控制），从而来实现成本控制；后期运营阶段可以模拟日常紧急情况的处理方式，如地震人员逃生模拟及消防人员疏散模拟。

第四，优化性。优化性：事实上整个设计、施工、运营的过程就是一个不断优化的过程，当然优化和 BIM 也不存在实质性的必然联系，但在 BIM 的基础上可以做更好的优化、更好地做优化。优化受三样东西的制约：信息、复杂程度和时间。没有准确的信息做不出合理的优化结果，BIM 模型提供了建筑物的实际存在的信息，包括几何信息、物理信息、规则信息，还提供了建筑物变化以后的实际存在。复杂程度高到一定程度，参与人员本身的能力无法掌握所有的信息，必须借助一定的科学技术和设备。现代建筑物的复杂程度大多超过参与人员本身的能力极限，BIM 及与其配套的各种优化工具提

供了对复杂项目进行优化的可能。目前基于 BIM 的优化可以做下面的工作。

项目方案优化：把项目设计和投资回报分析结合起来，设计变化对投资回报的影响可以实时计算出来；这样业主对设计方案的选择就不会主要停留在对形状的评价上，而更多的可以使得业主知道哪种项目设计方案更有利于自身的需求。

特殊项目的设计优化：例如裙楼、幕墙、屋顶、大空间，到处可以看到异型设计，这些内容看起来占整个建筑的比例不大，但是占投资和工作量的比例和前者相比却往往要大得多，而且通常也是施工难度比较大和施工问题比较多的地方，对这些内容的设计施工方案进行优化，可以带来显著的工期和造价改进。

第五，可出图性。BIM 并不是为了出大家日常多见的建筑设计院所出的建筑设计图纸，及一些构件加工的图纸，而是通过对建筑物进行了可视化展示、协调、模拟、优化以后，可以帮助业主出综合管线图（经过碰撞检查和设计修改，消除了相应错误以后）；综合结构留洞图（预埋套管图）；碰撞检查侦错报告和建议改进方案。

三、BIM 的优势

建立以 BIM 应用为载体的项目管理信息化系统，提升项目生产效率、提高建筑质量、缩短工期、降低建造成本。具体体现在以下几方面。

第一，三维渲染，宣传展示。三维渲染动画，给人以真实感和直接的视觉冲击。建好的 BIM 模型可以作为二次渲染开发的模型基础，大大提高了三维渲染效果的精度与效率，给业主更为直观的宣传介绍，提升中标概率。

第二，快速算量，精度提升 BIM 数据库的创建，通过建立 5D 关联数据库，可以准确快速地计算工程量，提升施工预算的精度与效率。由于 BIM 数据库的数据粒度达到构件级，可以快速提供支撑项目各条线管理所需的数据信息，有效提升施工管理效率。BIM 技术能自动计算工程实物量，这个属于

较传统的算量软件的功能，在国内此项应用案例非常多。

第三，精确计划，减少浪费。施工企业精细化管理很难实现的根本原因在于海量的工程数据，无法快速准确获取支持资源计划，致使经验主义盛行。而 BIM 的出现可以让相关管理条线快速、准确地获得工程基础数据，为施工企业制定精确人才计划提供有效支撑，大大减少了资源、物流和仓储环节的浪费，为实现限额领料、消耗控制提供技术支撑。

第四，多算对比，有效管控。管理的支撑是数据，项目管理的基础就是工程基础数据的管理，及时、准确地获取相关工程数据就是项目管理的核心竞争力。BIM 数据库可以实现任一时点上工程基础信息的快速获取，通过合同、计划与实际施工的消耗量、分项单价、分项合价等数据的多算对比，可以有效了解项目运营是盈是亏，消耗量有无超标，进货分包单价有无失控等问题，实现对项目成本风险的有效管控。

第五，虚拟施工，有效协同。三维可视化功能再加上时间维度，可以进行虚拟施工。随时随地直观、快速地将施工计划与实际进展进行对比，同时进行有效协同，施工方、监理方，甚至非工程行业出身的业主领导都对工程项目的各种问题和情况了如指掌。这样通过 BIM 技术结合施工方案、施工模拟和现场视频监测，大大减少建筑质量问题、安全问题，减少返工和整改。

第六，碰撞检查，减少返工。BIM 最直观的特点在于三维可视化，利用 BIM 的三维技术在前期可以进行碰撞检查，优化工程设计，减少在建筑施工阶段可能存在的错误损失和返工的可能性，而且优化净空，优化管线排布方案。最后施工人员可以利用碰撞优化后的三维管线方案，进行施工交底、施工模拟，提高施工质量，同时也提高了与业主沟通的能力。

第七，冲突调用，决策支持。BIM 数据库中的数据具有可计量的特点，大量工程相关的信息可以为工程提供数据后台的巨大支撑。BIM 中的项目基础数据可以在各管理部门进行协同和共享，工程量信息可以根据时空维度、构件类型等进行汇总、拆分、对比分析等，保证工程基础数据及时、准确地提供，为决策者制定工程造价项目群管理、进度款管理等方面的决策提供依据。

案例：BIM 的启用——成本核算

成本核算困难的原因，一是数据量大。每一个施工阶段都牵涉大量材料、机械、工种、消耗和各种财务费用，每一种人、材、机和资金消耗都统计清楚，数据量巨大。工作量如此巨大，实行短周期（月、季）成本在当前管理手段下就变成了一种奢侈。随着进度进展，应付进度工作尚且自顾不暇，过程成本分析、优化管理就只能搁在一边。

二是牵涉部门和岗位众多。实际成本核算，当前情况下需要预算、材料、仓库、施工、财务多部门多岗位协同分析汇总提供数据，才能汇总出完整的某时点实际成本，往往某个或某几个部门不能实行，就难以做出整个工程成本汇总。

三是对应分解困难。一种材料、人工、机械甚至一笔款项往往用于多个成本项目，拆分分解对应好专业要求相当高，难度非常高。

四是消耗量和资金支付情况复杂。材料方面，有的进了库未付款，有的先预付款未进货，用了未出库，出了库未用掉的；人工方面，有的先干未付，预付未干，干了未确定工价；机械周转材料租赁也有类似情况；专业分包，有的项目甚至未签约先干，事后再谈判确定费用。情况如此复杂，成本项目和数据归集在没有一个强大的平台支撑情况下，不漏项做好三个维度（时间、空间、工序）的对应很困难。

BIM 技术在处理实际成本核算中有着巨大的优势。基于 BIM 建立的工程 5D（3D 实体、时间、工序）关系数据库，可以建立与成本相关数据的时间、空间、工序维度关系，数据粒度处理能力达到了构件级，使实际成本数据高效处理分析有了可能。

解决方案如下。

第一，创建基于 BIM 的实际成本数据库。建立成本的 5D（3D 实体、时间、工序）关系数据库，让实际成本数据及时进入 5D 关系数据库，成本汇

总、统计、拆分对应瞬间可得。以各 WBS 单位工程量人才机单价为主要数据进入实际成本 BIMfc 未有合同确定单价的项目，按预算价先进入。有实际成本数据后，及时按实际数据替换掉。

第二，实际成本数据及时记入数据库，一开始实际成本 BIM 中成本数据以采取合同价和企业定额消耗量为依据。随着进度进展，实际消耗量与定额消耗量会有差异，要及时调整。每月对实际消耗进行盘点，调整实际成本数据。化整为零，动态维护实际成本 BIM，大幅减少一次性工作量，并有利于保证数据准确性。

材料实际成本要以实际消耗为最终调整数据，而不能以财务付款为标准，材料费的财务支付有多种情况：未订合同进场的、进场未付款的、付款未进场的，按财务付款为成本统计方法将无法反映实际情况，会出现严重误差。仓库应每月盘点一次，将入库材料的消耗情况详细列出清单向成本经济师提交，成本经济师按时调整每个 WBS 材料实际消耗。

人工费实际成本同材料实际成本。按合同实际完成项目和签证工作量调整实际成本数据，一个劳务队可能对应多个 WBS，要按合同和用工情况进行分解落实到各个 WBS。

机械周转材料实际成本要注意各 WBS 分摊，有的可按措施费单独立项。管理费实际成本由财务部门每月盘点，提供给成本经济师，调整预算成本为实际成本，实际成本不确定的项目仍按预算成本记入实际成本。按本文方案，过程工作量大为减少，做好基础数据工作后，各种成本分析报表瞬间可得。

第三，快速实行多维度（时间、空间、WBS）成本分析。建立实际成本 BIM 模型，周期性（月、季）按时调整维护好该模型，统计分析工作就很轻松，软件强大的统计分析能力可轻松满足各种成本分析需求。基于 BIM 的实际成本核算方法，较传统方法更为快速。由于建立基于 BIM 的 5D 实际成本数据库，汇总分析能力大大加强，速度快，短周期成本分析不再困难，工作量小、效率高，比传统方法准确性大为提高。虽然消耗量方面仍会存在误差，但已能满足分析需求。通过总量统计的方法，消除累积误差，成本数据准确度随进度进展推进越来越高。另外通过实际成本BIM模型，很容易检查出哪些项目还没有实际成本数据，监督各成本条线，实时盘点，提供实际数据。分析能力强，可以多维度（时间、空间、WBS）汇总分析更多种类、更多统计分析条件的成本报表。总部成本控制能力大为提升。将实际成本BIM模型通过互联网集中在企业总部服务器。总部成本部门、财务部门就可共享每个工程项目的实际成本数据，数据粒度也可掌握到构件级。实行了总部与项目部的信息对称，总部成本管控能力大大加强。

四、BIM实施目标分析

与传统模式相比，3D-BIM的优势明显，因为建筑模型的数据在建筑信息模型中的存在是以多种数字技术为依托，从而以这个数字信息模型作为各个建筑项目的基础，可以进行各个相关工作。建筑工程与之相关的工作都可以从建筑信息模型中拿出各自需要的信息，既可指导相应工作又能将相应工作的信息反馈到模型中。建筑信息模型不是简单地将数字信息进行集成，它还是一种数字信息的应用，并可以用于设计、建造、管理的数字化方法，这种方法支持建筑工程的集成管理环境，可以使建筑工程在其整个进程中显著提高效率、大量减少风险。

同时BIM可以四维模拟实际施工，以便于在早期设计阶段就发现后期真正施工阶段所会出现的各种问题，提前处理问题，为后期活动打下坚固的基础。在后期施工时能作为施工的实际指导，也能作为可行性指导，以提供合理的施工方案及人员，材料使用的合理配置，从而在最大范围内实现资源合理运用。

企业在应用BIM技术进行项目管理时，需明确自身在管理过程中的需求，并结合BIM本身特点确定BIM辅助项目管理的服务目标。

BIM技术在项目中的应用点众多，各个公司不可能做到样样精通，若没

有服务目标而盲目发展 BIM 技术，可能会出现在弱势技术领域过度投入的现象，从而产生不必要的资源浪费。只有结合自身建立有切实意义的服务目标，才能有效提升技术实力，在 BIM 技术快速发展的趋势下占有一席之地。为完成 BIM 应用目标，各企业应紧随建筑行业技术发展步伐，结合自身在建筑领域全产业链的资源优势，确立 BIM 技术应用的战略思想。如某施工企业根据其“提升建筑整体建造水平、实现建筑全生命周期精细化动态管理、实现建筑生命周期各阶段参与方效益最大化”的 BIM 应用目标，确立了“以 BIM 技术解决技术问题为先导、通过 BIM 技术实现流程再造为核心，全面提升精细化管理，促进企业发展”的 BIM 技术应用战略思想。

企业在实施 BIM 之前都要想清楚如下问题。要用 BIM 做些什么事情？达到什么样的目标？如何一步一步制订 BIM 实施规划？BIM 规划该如何根据企业的工作流程和价值需求，并结合可利用的资源，来制定未来的 BIM 应用与目标？

无论企业级还是项目级的应用，在正式实施前有一个整体战略和规划，都将对 BIM 项目的效益最大化起到关键作用。企业 BIM 战略需要考虑的是如何在若干年之内拥有专业 BIM 团队、改造企业业务流程、提升企业核心竞争力。企业 BIM 战略的实施一般来说会分阶段来进行。

企业 BIM 战略的具体实施要从项目的 BIM 应用入手。纯粹从技术层面分析，BIM 可以在建设项目的所有阶段使用，可以被项目的所有参与方使用，可以完成各种不同的任务和应用。因此，BIM 项目规划就是要根据建设项目的特点、项目团队的能力、当前的技术发展水平及 BIM 实施成本等多个方面综合考虑，得到一个对特定建设项目性价比最优的方案，从而使项目和项目团队成员实现如下目标：所有成员清晰理解和沟通实施 BIM 的战略目标；项目参与方明确在 BIM 实施中的角色和责任；保证 BIM 实施流程符合各个团队成员已有的业务实践和业务流程；提出成功实施每一个计划的 BIM 应用所需要的额外资源、培训和其他能力；对于未来要加入项目的参与方提供一个定义流程的基准；采购部门可以依据 BIM 模型确定合同语言，来保证参与方承担相应的责任；为衡量项目进展情况提供基准线。

具体分析，为保障BIM项目的高效和成功实施，BIM项目实施规划制定程序主要包括以下几个方面。

① BIM实施目标：建设项目实施BIM的任务和主要价值。

② BIM实施流程：BIM任务各个参与方的工作流程。

③ BIM实施范围：BIM实施在设计、施工、还是运营阶段，以及具体阶段的BIM模型所包含的元素和详细程度。

④ 组织的角色和人员安排：确定项目不同阶段的BIM参与者、组织关系，以及BIM成功实施所必需的关键人员。

⑤ 实施战略合同：确定BIM的实施战略（例如选择设计—建造，还是设计—招标—建造等）及为确保顺利实施所涉及的合同条款设置。

⑥ 沟通方式：包括BIM模型管理方法（例如命名规则、文件结构、文件权限等）及典型的会议议程。

⑦ 技术基础设施：BIM实施需要的硬件、软件和网络基础设施。

⑧ 模型质量控制：详细规定BIM模型的质量要求，并保证和监控项目参与方都能达到规划定义的质量。

如果考虑BIM的应用跨越了建设项目各个阶段的全生命周期，那么就应该在该建设项目的早期成立BIM规划团队，着手BIM实施规划的制定。虽然有些项目的BIM实施是在中间阶段才开始介入，但是BIM规划应该在BIM实施以前制定。

BIM规划团队包括项目主要参与方的代表，即业主、设计、施工总包和分包、主要供应商、物业管理等，其中业主的决心是成功的关键。业主是最佳的BIM规划团队负责人，在项目参与方还没有较成熟的BIM实施经验的情况下，可以委托专业BIM咨询服务公司帮助牵头制定BIM实施规划。

在具体选择某个建设项目要实施的BIM应用以前，BIM规划团队首先要为项目确定BIM目标，这些BIM目标必须是具体的、可衡量的，以及能够

促进建设项目的规划、设计、施工和运营成功进行的。BIM 目标可以分为两种类型。

第一类跟项目的整体表现有关，包括缩短项目工期、降低工程造价、提升项目质量等，例如，关于提升质量的目标，包括通过能量模型的快速模拟得到一个能源效率更高的设计、通过系统的 3D 协调得到一个安装质量更高的设计、开发一个精确的记录模型和改善运营模型建立的质量。

第二类跟具体任务的效率有关，包括利用 BIM 模型更高效地绘制施工图，通过自动工程量统计更快做出工程预算，减少在物业运营系统中输入信息的时间等。

有些 BIM 目标对应于某一个 BIM 应用，也有一些 BIM 目标可能需要若干个 BIM 应用来帮助完成。在定义 BIM 目标的过程中，可以用优先级表示某个 BIM 目标对该建设项目设计、施工、运营成功的重要性。

BIM 是建设项目信息和模型的集成表达，BIM 实施的成功与否，不但取决于某个 BIM 应用对建设项目带来的生产效率提高，更取决于该 BIM 应用建立的 BIM 信息在建设项目整个生命周期中被其他 BIM 应用重复利用的利用率，换言之，为了保证 BIM 实施的成功，项目团队必须清楚他们建立的 BIM 信息未来的用途。例如，建筑师在建筑模型中增加一个墙体，这个墙体可能包括材料数量、热工性能、声学性能和结构性能等，建筑师需要知道将来这些信息是否有用及会被如何使用？数据在未来的使用可能和使用方法，将直接影响模型的建立及涉及数据精度的质量控制等过程。通过定义 BIM 的后续应用，项目团队就可以掌握未来会被重复利用的项目信息以及主要的项目信息交换要求，从而最终确定与该建设项目相适应的 BIM 应用。

选择 BIM 应用，需要从以下几个方面进行评估决定。

① 定义可能的 BIM 应用：规划团队考虑每一个可能的 BIM 应用，以及它们和项目目标之间的关系。

② 定义每一个 BIM 应用的责任方：每个 BIM 应用至少应该包括一个责

任方，责任方应该包括涉及该 BIM 应用实施的所有项目成员，以及对 BIM 应用实施起辅助作用的可能外部参与方。

③ 评估每一个 BIM 应用的每一个参与方以下几个方面的能力。

资源：参与方具备实施 BIM 应用需要的资源吗？这些资源包括 BIM 团队、软件、软件培训、硬件、IT 支持等。

能力：参与方是否具备实施某一特定 BIM 应用的知识。

经验：参与方是否曾经实施过某一特定 BIM 应用。

④ 定义每一个 BIM 应用增加的价值和风险：进行某一特定 BIM 应用可能获得的价值和潜在风险。

⑤ 确定是否实施某一个 BIM 应用：规划团队详细讨论每一个 BIM 应用是否适合该建设项目和项目团队的具体情况，包括每一个 BIM 应用可能给项目带来的价值以及实施的风险与成本等，最后确定在该建设项目中实施哪些 BIM 应用，不实施哪些 BIM 应用。

第二节　BIM 组织机构的研究

在项目建设过程中需要有效地将各种专业人才的技术和经验进行整合，让他们各自的优势和经验得到充分的发挥，以满足项目管理的需要，提高管理工作的成效。为更好地完成项目 BIM 应用目标，响应企业 BIM 应用战略思想，需要结合企业现状及应用需求，先组建能够应用 BIM 技术为项目提高工作质量和效率的项目级 BIM 团队，进而建立企业级 BIM 技术中心，以负责 BIM 知识管理、标准与模板、构件库的开发与维护、技术支持、数据存档管理、项目协调、质量控制等。

要掌握 BIM，需要多样化的工具和实现项目的技能。虽然 BIM 是在传统工序和基础原则上发展起来的，但是它代表了一种全新的执行项目的方式。过渡到 BIM 的过程类似于让一个会骑自行车的人学习如何开车：BIM 技术

（如软件、硬件和连接方式）代表了你使用的车辆和行驶的道路、桥梁或隧道。BIM 内容就像车辆的燃料一样，要求丰富充足而且能够方便获取。BIM 标准代表了各方面的交通规则和条例，可让你的驾驶变得高效和顺畅。BIM 教育、培训和认证就如同学习驾驶和发放驾驶许可证。这些都是 BIM 的关键组成部分，没有这些就难以获得这项技术带来的真正益处。

BIM 用户一般都了解市场上多种软件的选择。大多数用户对于主要的 BIM 软件平台供应商有很高的认知度，对于结合 BIM 使用的其他软件工具则有中等程度的认识。

需要明确的是，知道如何选择软件对整体项目交付工作会起到关键作用。虽然每个用户并不需要了解在其特定工作领域以外的每一种软件工具，但是了解其他团队成员能使用哪些软件，以及这些工具如何能影响自己的工作是有意义的。例如，尽管其中的一位团队成员可能不使用设备制造软件，但了解他们的数据怎样在该软件中运用将非常有帮助。

在一个一体化的团队环境中，一种软件的缺陷所造成的限制往往会超出它给主要用户带来的影响。因此，一个团队成员使用某项软件的决定可能受其他人影响。随着用户不断获得 BIM 及如何处理非协同障碍的经验，实现共同理解的可能性将越来越明显。

BIM 帮助用户提升了使用专业分析工具的能力——从设计模型中提取数据并进行有价值的分析，这也成为许多项目推广使用 BIM 的动力之一。主动运用数据标准将有助于促进项目建设活动中的交流，对于所有用户而言，在此方面拥有的巨大潜力可以在很大程度上增加 BIM 的价值。此功能更多地应用于工程量概算。

虽然 BIM 促进了一种新的工作方式产生，但许多传统的需求仍然存在。当使用 CAD 工作时，建筑师还是喜欢在开始 BIM 设计时使用普通构件，然后再用制造商的特定构件替代它们。将近一半的建筑师非常同意这个看法。

但是承包商需要细节。顺理成章，近一半的承包商强烈认同，在开始建模时需要尽可能多的制造商的具体构件数据。虽然承包商可以通过其他团队成员获取一些对象数据，但许多承包商会建立自己的模型，并在进程中自己创建构件数据。但随着越来越多的承包商成为重要用户，给 BIM 提供制造商信息的压力可能还会上升。

BIM 的发展远远超出了任何一个公司或行业组织、软件平台或实践领域的发展。由于其广泛的影响，参与者或用户贯穿于整个行业，同时也促进了 BIM 的发展。这种有广泛基础的方法创造了一个非常活跃的环境，就像是不断填充小块图片的拼图游戏。而其最大的缺陷是，任何增加的小块可能并不是完全适合于与其他人一起完成的大图片。因此，项目建设团队成员可能无法共享 BIM 相关项目中的各种技术数据。由于如此众多的参与者努力开发利用 BIM，使得许多人呼吁制定标准，以便于这些不同的平台和应用程序可以相互兼容。在这一使命下，BuildingSMART 联盟于 2006 年成立，这一旨在促进协同设计的国际联盟，定义了建设过程中数据兼容性的标准。在该组织的努力下，帮助建立了行业基础课程，它能够以电子格式界定建筑设计的各项要素，并可以在应用程序之间实现共享。整个行业的参与者用户正在尝试实施行业基础课程。

越来越多的 BIM 使用者不断努力掌握各种技术以获得竞争优势，许多公司预计他们的培训需求也会增加。因为 BIM 仍然是行业内一项新兴的技术，用户反映出最强烈的对基本技能的迫切需要。然而，随着经验的增长，他们可以预期在未来几年会有更高层次的培训需求。其他标准也发挥了作用，比如 XML，它代表可扩展标记语言，此格式可通过互联网实现数据交换。总体上，BIM 用户会被培训资源的各种核心知识所吸引。用户在引入外部培训师、场外定点培训、使用内部培训师或自学方面所做的决定几乎没有差异。

建筑师最不倾向自学，但最有可能在办公室或其他外部地点引入外部培训师。工程师们最希望采用自学的方式。承包商较倾向使用内部培训，最不希望采用办公室之外的培训。十分之一的业主把 BIM 外包，因此不需要培训。大多数专家级用户依靠内部培训。内部培训呈稳步上升，同时公司也获取相应经验。这表明当用户更多地投入 BIM 时，他们将看到员工培训带来的益处。

初级用户和小型企业比其他所有用户更有可能采用自学。要加快培养企业的BIM 应用能力，另一个途径就是鼓励高校培养学生运用 BIM 工具，毕业后进入企业即成为现成的 BIM 专家。

一、项目级 BIM 团队的组建

一般来讲，项目级 BIM 团队中应包含各专业 BIM 工程师、软件开发工程师、管理咨询师、培训讲师等。项目级 BIM 团队的组建应遵循以下原则。

① BIM 团队成员应有明确的分工与职责，并设定相应奖惩措施。

② BIM 系统总监应具有建筑施工类专业本科以上学历，并具备丰富的施工经验、BIM 管理经验。

③ 团队中包含建筑、结构、机电各专业管理人员若干名，要求具备相关专业本科以上学历，具有类似工程设计或施工经验。

④ 团队中包含进度管理组管理人员若干名，要求具备相关专业本科以上学历，具有类似工程施工经验。

⑤ 团队中除配备建筑、结构、机电系统专业人员外，还需配备相关协调人员、系统维护管理员。

⑥ 在项目实施过程中，可以根据项目情况，考虑增加团队角色，如增设项目副总监、BIM 技术负责人等。

二、BIM 人员培训

在组建企业 BIM 团队前，建议企业挑选合适的技术人员及管理人员进行BIM 技术培训，了解 BIM 概念和相关技术，以及 BIM 实施带来的资源管理、业务组织、流程变化等，从而使培训成员深入学习 BIM 在施工行业的实施方法和技术路线，提高建模人员的 BIM 软件操作能力，加深管理人员 BIM 施工管理理念，加快推动施工人员由单一型技术人才向复合型人才转变。进而将BIM技术与方法应用到企业所有业务活动中，构建企业的信息共享、业务协同平台，实现企业的知识管理和系统优化，提升企业的核心竞争力。BIM人员培训应遵循以下原则。

① 关于培训对象，应选择具有建筑工程或相关专业大专以上学历，具备建筑信息化基础知识，掌握相关软件基础应用的设计、施工、房地产开发公司技术和管理人员。

② 关于培训方式，应采取脱产集中学习方式，授课地点应安排在多媒体计算机房，每次培训人数不宜超过30人，为学员配备计算机，在集中授课时，配有助教随时辅导学员上操作。技术部负责制订培训计划、组织培训实施、跟踪检查并定期汇报培训情况，最后进行考核，以确保培训的质量和效果。

③ 关于培训主题，应普及BIM的基础概念，从项目实例中剖析BIM的重要性，深度剖析BIM的发展前景与趋势，多方位展示BIM在实际项目操作中与各个方面的联系；围绕市场主要BIM应用软件进行培训，同时要对学员进行测试，将理论学习与项目实战相结合，并对学员的培训状况及时进行反馈。

BIM在项目中的工作模式有多种，总承包单位在工程施工前期可以选择在项目部组建自己的BIM团队，完成项目中一切BIM技术应用（建模、施工模拟、工程量统计等）；也可以选择将BIM技术应用委托给第三方单位，由第三方单位BIM团队负责BIM模型建立及应用，并与总承包单位各相关专业技术部门进行工作对接。总包单位可根据需求，选择不同的BIM工作模式，并成立相应的项目级BIM团队。

第三节　BIM实施标准的解析

BIM是一种新兴的复杂建筑辅助技术，融入项目的各个阶段与层面。在项目BIM实施前，应制定相应的BIM实施标准，对BIM模型的建立及应用

进行规划，实施标准主要内容包括：明确 BIM 建模专业、明确各专业部门负责人、明确 BIM 团队任务分配、明确 BIM 团队工作计划、制定 BIM 模型建立标准。

现有的 BIM 标准有美国 NBIMS 标准、新加坡 BIM 指南、英国 AutodeskBIM 设计标准、中国 CBIMS 标准及各类地方 BIM 标准等。但由于每个施工项目的复杂程度不同、施工办法不同、企业管理模式不同，仅依照国家级统一标准难以在 BIM 实施过程中实现对细节的把握，导致对工程中 BIM 的实施造成一定困扰。为了能有效地利用 BIM 技术，企业有必要在项目开始阶段建立针对性强、目标明确的企业级乃至于项目级的 BIM 实施办法与标准，全面指导项目 BIM 工作的开展。总承包单位可依据已发行的 BIM 标准，设计院提供的蓝图、版本号、模型参数等内容，制定企业级、项目级 BIM 实施标准。

大型项目模型的建立涉及专业多、楼层多、构件多，BIM 模型的建立一般是分层、分区、分专业的。为了保证各专业建模人员及相关分包在模型建立过程中能够进行及时有效的协同，确保大家的工作能够有效对接，同时保证模型的及时更新，BIM 团队在建立模型时应遵从一定的建模规则，以保证每一部分的模型在合并之后的融合度，避免出现模型质量、深度等参差不齐的现象。为了保证建模工作的有效协同和后期的数据分析，需对各专业的工作集划分、系统命名进行规范化管理，并将不同的系统、工作集分别赋予不同颜色加以区分，方便后期模型的深化调整。由于每个项目需求不同，在一个项目中的有效工作集划分标准未必适用于另一个项目，故应尽量避免把工作集想象成传统的图层或者图层标准，其划分标准并非一成不变。建议综合考虑项目的具体状况和人员状况，按照工作集拆分标准进行工作集拆分。为了确保硬件运行性能，工作集拆分的基本原则是：对于大于 50 M 的文件都应进行检查，考虑是否能进行进一步拆分。理论上，文件的大小不应超过 200 M。

一、BIM 模型建立要求

（一）模型命名规则

大型项目模型分块建立，建模过程中随着模型深度加大、设计变更增多，BIM 模型文件数量成倍增长。为区分不同项目、不同专业、不同时间创建的模型文件，缩短寻找目标模型的时间，建模过程中应统一使用相同的命名规则。

（二）模型深度控制

在建筑设计、施工的各个阶段，所需要的 BIM 模型的深度不同，如建筑方案设计阶段仅需要了解建筑的外观、整体布局，而施工工程量统计则需要了解每一个构件的尺寸、材料、价格等。这就需要根据工程需要，针对不同项目、项目实施的不同阶段建立对应标准的 BIM 模型。

（三）模型质量控制

BIM 模型的用处大体体现在两个方面：可视化展示与指导施工。不论哪个方面，都需要对 BIM 模型进行严格的质量控制，才能充分发挥其优势，真正用于指导施工。

（四）模型准确度控制

BIM 模型是利用计算机技术实现对建筑的可视化展示，需保持与实际建筑的高度一致性，才能运用到后期的结构分析、施工控制及运维管理中。

（五）模型完整度控制

BIM 模型的完整度包含两部分：一是模型本身的完整度；二是模型信息的完

整度。模型本身的完整度应包括建筑的各楼层、各专业到各构件的完整展示。信息的完整度包含工程施工所需的全部信息，各构件信息都为后期工作提供有力依据，如钢筋信息的添加给后期二维施工图中平法标注自动生成提供属性信息。

（六）模型文件大小控制

BIM 软件因包含大量信息，占用内存大，建模过程中要控制模型文件的大小，避免对电脑的损耗及建模时间的浪费。

（七）模型整合标准

对各专业、各区域的模型进行整合时，应保证每个子模型的准确性，并保证各子模型的原点一致。

（八）模型交付规则

模型的交付实现建筑信息的传递，交付过程应注意交付文件的整理，保持建筑信息的完整性。

二、BIM 模型建立具体建议

（一）BIM 移动终端

基于网络采用笔记本电脑、移动平台等进行模型建立及修改。

（二）模型命名规则

制定相应模型的命名规则，方便文件的筛选与整理。

（三）BIM 制图

需按照美国建筑师学会制定的模型详细等级来控制 BIM 模型中的建筑

元素的深度。

（四）模型准确度控制

模型准确度的校检遵从以下步骤：建模人员自检，检查的方法是结合结构常识与二维图纸进行对照调整；专业负责人审查；合模人员自检，主要检查对各子模型的链接是否正确；项目负责人审查。

（五）模型完整度控制

应保证 BIM 模型自身的完整度，尤其注意保证关键及复杂部位的模型完整度。BIM 模型本身应精确到螺栓的等级，如对机电构件，检查法门、管件是否完备；对发电机组，检查其油箱、油栗和油管是否完备。BIM 模型信息的完整度体现在构建参数的添加上，如对柱构件，检查材料、截面尺寸、长度、配筋、保护层厚度信息是否完整等。

（六）模型文件大小

控制 BIM 模型文件大小，超过 200 M 的必须拆分为若干个文件，以减轻电脑负荷及软件崩溃概率，控制模型文件大小在规定的范围内的办法如：分区、分专业建模，最后合模；族文件建立时，建模人员应使相互构件间关系条理清晰，减少不必要的嵌套；图层尽量符合前期 CAD 制图命名的习惯，避免垃圾图层的出现。

（七）模型整合标准

模型整合前期应确保子模型的准确性，这需要项目负责人员根据 BIM 建模标准对子模型进行审核，并在整合前进行无用构件、图层的删除整理，注意保持各子模型在合模时原点及坐标系的一致性。

（八）模型交付规则

BIM 模型建成后，在进一步移交给施工方或业主方时，应遵从规定的交付准则。第一，模型的交付应按相关专业、区域的划分创建相应名称的文件夹，并链接相关文件；第二，交付模型应一并交付 Word 版模型详细说明。

第四节　BIM 技术资源配置的研究

一、硬件配置

BIM 模型带有庞大的信息数据，因此，在 BIM 实施的硬件配置上也要有严格的要求，并在结合项目需求及节约成本的基础上，根据不同的使用用途和方向，对硬件配置进行分级设置，即最大程度地保证硬件设备在 BIM 实施过程中的正常运转，最大限度地控制成本。

在项目 BIM 实施过程中，根据工程实际情况搭建 BIMserver 系统，方便现场管理人员和 BIM 中心团队进行模型的共享和信息传递。通过在项目部和 BIM 中心各搭建服务器，以 BIM 中心的服务器作为主服务器，通过广域网将两台服务器进行互联，然后分别给项目部和 BIM 中心建立模型的计算机进行授权，就可以随时将自己修改的模型上传到服务器上，实现模型的异地共享，确保模型的实时更新。

二、软件配置

BIM 工作覆盖面大，应用点多。因此任何单一的软件工具都无法全面支持，需要根据工程实施经验，拟定采用合适的软件作为项目的主要模型工具，

并自主开发或购买成熟的 BIM 协同平台作为管理依托。

为了保证数据的可靠性，项目中所使用的 BIM 软件应确保正常工作，且工程结束后可继续使用，以保证 BIM 数据的统一、安全和可延续性。同时根据公司实力可自主研发用于指导施工的实用性软件，如三维钢筋节点布置软件，其具有自动生成三维形体、自动避让钢骨柱翼缘、自动干涉检查、自动生成碰撞报告等多项功能；BIM 技术支吊架软件，其具有完善的产品族库、专业化的管道受力计算、便捷的预留孔洞等多项功能模块。在工作协同、综合管理方面，通过自主研发的施工总包 BIM 协同平台，来满足工程建设各阶段需求。

三、工作节点

为了充分配合工程，实际应用将根据工程施工进度设计 BIM 应用方案。主要节点为：投标阶段初步完成基础模型建立、厂区模拟、应用规划、管理规划，依实际情况还可建立相关的工艺等动画；中标进场前初步制定本项目 BIM 实施导则、交底方案，完成项目 BIM 标准大纲；人员进场前有针对性的进行 BIM 技能培训，实现各专业管理人员掌握 BIM 技能；确保各施工节点前一个月完成专项 BIM 模型，并初步完成方案会审；各专业分包投标前一个月完成分包所负责部分模型工作，用于工程量分析，招标准备；各专项工作结束后一个月完成竣工模型及相应信息的三维交付；工程整体竣工后针对物业进行三维数据交付。

四、建模计划

模型作为 BIM 实施的数据基础，为了确保 BIM 实施能够顺利进行，应根据应用节点计划合理安排建模计划，并将时间节点、模型需求、模型精度、责任人、应用方向等细节进行明确要求，确保能够在规定时间内提供相应的

BIM 应用模型。

项目模型不要包含项目的所有元素，因此 BIM 规划团队必须定义清楚 BIM 模型需要包含的项目元素及每个专业需要的特定交付成果，以便最大化实施 BIM 的价值，同时最小化不必要的模型创建。组织职责和人员安排是要定义每个组织（项目参与方）的职责、责任及合同要求，对于每一个已经确定要实施的 BIM 应用，都需要指定由哪个参与方安排人员负责执行。BIM 团队可能需要分包人和供货商创建相应部分的模型做 3D 设计协调，也可能希望收到分包和供货商的模型或数据并入协调模型或记录模型。需要分包人和供货商完成的 BIM 工作，要在合同中定义范围、模型交付时间、文件及数据格式等。

在确定电子沟通程序和技术基础设施要求以后，核心 BIM 团队必须就模型的创建、组织、沟通和控制等达成共识，模型创建基本原则包括以下两个方面：

① 参考模型文件统一坐标原点，以方便模型集成；

② 定义一个由所有设计师、承包商、供货商使用的文件命名结构；定义模型正确性和允许误差协议。

五、实施流程

设计 BIM 流程的主要任务，是为上一阶段选定的每一个 BIM 应用设计具体的实施流程，以及为不同的 BIM 应用之间制定总体的执行流程。

BIM 流程的两个层次：总体流程和详细流程。总体流程是说明在一个建设项目里面计划实施的不同 BIM 应用之间的关系，包括在这个过程中主要的信息交换要求。详细流程是说明上述每一个特定的 BIM 应用的详细工作顺序，包括每个过程的责任方、参考信息的内容和每一个过程中创建和共享的信息交换要求。

建立 BIM 总体流程的工作包括几个方面：首先，把选定的所有 BIM 应用放入总体流程，有些BIM应用可能在流程的多处出现（例如项目的每个阶段都要进行设计建模）；其次，根据建设项目的发展阶段，为BIM应用在总体流程中安排顺序；再次，定义每个BIM过程的责任方：有些BIM过程的责任方可能不止一个，规划团队需要仔细讨论哪些参与方最合适完成某个任务，被定义的责任方需要清楚地确定执行每个BIM过程需要的输入信息及由此而产生的输出信息；最后，确定执行每一个BIM应用需要的信息交换要求：总体流程包括过程内部、过程之间及成员之间的关键信息交换内容，重要的是要包含从一个参与方向另一个参与方进行传递的信息。

详细流程包括如下三类信息。参考信息，执行一个BIM应用需要的公司内部和外部信息资源。进程，构成一个BIM应用需要的具有逻辑顺序的活动。信息交换，一个进程产生的BIM交付成果，可能会被以后的进程作为资源。创建详细流程的工作包括以下内容：首先，把BIM应用逐层分解为一组进程；其次，定义进程之间的相互关系，弄清楚每个进程的前置进程和后置进程，有的进程可能有多个前置或后置进程；最后，生成具有以下参考信息、信息交换以及责任方等信息的详细流程图。

参考信息：确定需要执行某个BIM应用的信息资源，如价格数据库、气象数据、产品数据等。

信息交换：所有内部和外部交换的信息。

责任方：确定每一个进程的责任方。

在流程的重要决策点设置决策框：决策框既可以判断执行结果是否满足要求，也可以根据决策改变流程路径。决策框可以代表一个BIM任务结束以前的任何决策、循环迭代或者质量控制检查。

记录、审核、改进流程为将来所用：通过对实际流程和计划流程进行比较，从而改进流程，为未来其他项目的BIM应用服务。

为了保证BIM的顺利实施，必须定义不同BIM流程之间及BIM参与方之间关键信息的交换，并且保证定义的关键信息为每个 BIM 团队所了解熟知。BIM流程确定了项目参与方之间的信息交换行为，本阶段的任务，是

要为每一个信息交换的创建方和接收方确定项目交换的内容，主要工作程序如下。

第一，定义 BIM 总体流程图中的每一个信息交换：两个项目参与方之间的信息交换必须定义，使得所有参与方都清楚随着建设项目工期的进展，相应的 BIM 交付成果是什么。

第二，为项目选择模型元素分解结构使得信息交换内容的定义标准化。

第三，确定每一个信息交换的输入、输出信息要求，内容包括以下几个方面。

模型接收者：确定所有需要执行接收信息的项目团队成员。

① 模型文件类型：列出所有在项目中拟使用的软件名称及版本号，这对于确定信息交换之间需要的数据互用非常必要。

② 信息详细程度：信息详细程度目前分为三个档次，精确尺寸和位置，包括材料和对象参数；总体尺寸和位置，包括参数数据；概念尺寸和位置。

③ 注释：不是所有模型需要的内容都能被信息和元素分解结构覆盖，注释可以解决这个问题，注释的内容可以包括模型数据或者模型技巧。

④ 分配责任方创建需要的信息：信息交换的每一个内容都必须确定负责创建的责任方。潜在责任方有建筑师、结构工程师、机电工程师、承包商、土木工程师、设施管理方、供货商等。

⑤ 比较输入和输出的内容：信息交换内容确定以后，项目团队对于输出（创建的信息）输入信息（需求的信息）不一致的元素需要进行专门讨论，并形成解决方案。

所谓基础设施就是保障上述 BIM 规划能够高效实施的各类支持系统，这些支持系统构成了 BIM 应用的执行环境。最终这些支持系统和执行环境全部都要落实到 BIM 项目执行计划的文本中，这份文本将成为整个项目执行的核心依据。BIM 目标要说明在该建设项目中实施 BIM 的根本目的，以及为什么决定选择这些 BIM 应用而不是另外一些，包括一个 BIM

目标的列表，决定实施的 BIM 应用清单，以及跟这些 BIM 应用相关的专门信息。

六、战略合同

BIM 战略合同主要包含 BIM 实施可能会涉及建设项目总体实施流程的变化，例如，一体化程度高的项目实施流程如“设计一建造”或者“一体化项目实施”更有助于实现团队目标，BIM 规划团队需要界定 BIM 实施对项目实施结构、项目团队选择，以及合同战略等的影响。业主和团队成员在起草有关 BIM 合同要求时需要特别小心，因为它将指导所有参与方的行为。可能的话，合同应该包含以下几个方面内容：BIM 模型开发和所有参与方的职责；模型分享和可信度；数据互用/文件格式；模型管理；知识产权。除了业主和承包人的合同以外，主承包人、分包人及供货商的合同也必须包含相应的 BIM 内容。

七、项目实施方法

BIM 可以在任何形式的项目执行流程中实施，但一体化程度越高的项目执行流程，BIM 实施就越容易。在衡量 BIM 对项目流程的影响时，需要考虑四个方面的因素：组织架构/实施方法、采购方法、付款方法、工作分解结构（WBS）。在选择项目实施方法和准备合同条款的时候，需要考虑 BIM 要求，在合同条款中根据 BIM 规划分配角色和责任。

八、会议沟通

会议沟通程序，包括以下几个方面：界定所有需要模型支持的会议；需

要参考模型内容的会议时间表；模型提交和批准的程序和协议。团队需要确定实施 BIM 需要哪些硬件、软件、空间和网络等基础设施，其他诸如团队位置（集中还是分散办公）、技术培训等事项也需要讨论。

实施 BIM 的硬件和软件：所有团队成员必须接受培训，能够使用相应的软硬件系统，为了解决可能出现的数据互用问题，所有参与方还必须对使用什么软件、用什么文件格式进行存储等达成共识。

选择软件的时候需要考虑下面几类常用软件：设计创建、3D 设计协调、虚拟样机、成本预算、4D 模型及能量模型。

交互式工作空间：团队需要考虑一个在项目生命周期内可以使用的物理环境，用于协同、沟通和审核工作，以改进 BIM 规划的决策过程，包括支持团队浏览模型互动讨论及异地成员参与的会议系统。

九、质量控制

为了保证项目每个阶段的模型质量，必须定义和执行模型质量控制程序，在项目进行过程中建立起来的每一个模型，都必须预先计划好模型内容、详细程度、格式、负责更新的责任方，以及对所有参与方的发布等。

下面是质量控制需要完成的一些工作。

视觉检查：保证模型充分体现设计意图，没有多余部件；

碰撞检查：检查模型中不同部件之间的碰撞；

标准检查：检查模型是否遵守相应的 BIM 和 CAD 标准；

元素核实：保证模型中没有未定义或定义不正确的元素；

关键项目信息：有助于团队成员更好地理解项目、项目状态和项目主要成员，需要在 BIM 规划中尽早定义。

第五节 BIM 技术实施保障措施的研究

一、建立系统运行保障体系

建立 BIM 运行保障体系十分重要，主要包括以下环节。

① 按 BIM 组织架构表成立总包 BIM 系统执行小组，由 BIM 系统总监全权负责。经业主审核批准后，小组人员立刻进场，以最快速度投入系统的创建工作。

② 成立 BIM 系统领导小组，小组成员由总包项目总经理、项目总工、设计及 BIM 系统总监、土建总监、钢结构总监、机电总监、装饰总监、幕墙总监组成，定期沟通，及时解决相关问题。

③ 总包各职能部门设专人对口 BIM 系统执行小组，根据团队需要及时提供现场进展信息。

④ 成立 BIM 系统总分包联合团队，各分包派固定的专业人员参加。如果因故需要更换，必须有很好的交接，保持其工作的连续性。

⑤ 购买足够数量的 BIM 正版软件，配备满足软件操作和模型应用要求的足够数量的硬件设备，并确保配置符合要求。

二、编制 BIM 系统运行工作计划

各分包单位、供应单位根据总工期及深化设计出图要求，编制 BIM 系统建模及分阶段 BIM 模型数据提交计划、四维进度模型提交计划等，由总包 BIM 系统执行小组审核，审核通过后由总包 BIM 系统执行小组正式发文，各分包单位参照执行。

根据各分包单位的计划，编制各专业碰撞检测计划，修改后重新提交计划。

三、建立系统运行例会制度

BIM 系统联合团队成员，每周召开一次专题会议，汇报工作进展情况及遇到的困难、需要总包协调的问题。

总包 BIM 系统执行小组，每周内部召开一次工作碰头会，针对本周工作进展情况和遇到的问题，制定下周工作目标。

BIM 系统联合团队成员，必须参加每周的工程例会和设计协调会，及时了解设计和工程进展情况。

四、建立系统运行检查机制

① BIM 系统是一个庞大的操作运行系统，需要各方协同参与。由于参与的人员多且复杂，需要建立健全一定的检查制度来保证体系的正常运作。

② 对各分包单位，每两周进行一次系统执行情况的检查，了解 BIM 系统执行的真实情况、过程控制情况和变更修改情况。

③ 对各分包单位使用的 BIM 模型和软件进行有效性检查，确保模型和工作同步进行。

五、模型维护和应用机制

BIM 模型的维护和应用机制包括以下几方面。

① 督促各分包单位在施工过程中维护和应用 BIM 模型，按要求及时更新和深化 BIM 模型，并提交相应的 BIM 应用成果。如在机电管线综合设计过程中，对综合后的管线进行碰撞检验并生成检验报告。设计人员根据报告

所显示的碰撞点与碰撞量调整管线布局，经过若干个检测与调整的循环后，可以获得一个较为精确的管线综合平衡设计。

② 在得到管线布局最佳状态的三维模型后，按要求分别导出管线综合图、综合剖面图、支架布置图及各专业平面图，并生成机电设备及材料量化表。

③ 在管线综合过程中建立精确的 BIM 模型，还可以采用 Autodesk Inventor 软件制作管道预制加工图，从而大大提高项目的管道加工预制化、安装工程的集成化程度，进一步提高施工质量，加快施工进度。

④ 运用 Revit Navisworks 软件建立四维进度模型，在相应部位施工前一个月内进行施工模拟，及时优化工期计划，指导施工实施。同时，按业主所要求的时间节点提交与施工进度相一致的 BIM 模型。

⑤ 在相应部位施工前的一个月内，根据施工进度及时更新和集成 BIM 模型，进行碰撞检验，提供包括具体碰撞位置的检测报告。设计人员根据报告迅速找到碰撞点所在位置，并进行逐一调整。为了避免在调整过程中有新的碰撞点产生，检测和调整会进行多次循环，直至碰撞报告显示零碰撞点。

⑥ 对于施工变更引起的模型修改，在收到各方确认的变更单后的 14 天内完成。

⑦ 在出具完工证明以前，向业主提交真实准确的竣工 BIM 模型、BIM 应用资料和设备信息等，确保业主和物业管理公司在运营阶段具备充足的信息。

⑧ 集成和验证最终的 BIM 竣工模型，按要求提供给业主。

六、BIM 模型的应用计划

BIM 模型的应用计划主要包括以下几点。

① 根据施工进度和深化设计及时更新和集成 BIM 模型，进行碰撞检测，提供具体碰撞的检测报告，并提供相应的解决方案，及时协调解决碰撞问题。

② 基于 BIM 模型，探讨短期及中期的施工方案。

③ 基于 BIM 模型，准备机电综合管道图（CSD）及综合结构留洞图（CBWD）等施工深化图纸，及时发现管线与管线、管线与建筑、管线与结构之间的碰撞点。

④ 基于 BIM 模型，及时提供能快速浏览的 mvf、dwf 等格式的模型和图片，以便各方查看和审阅。

⑤ 在相应部位施工前的一个月内，施工进度表进行 4D 施工模拟，提供图片和动画视频等文件，协调施工各方优化时间安排。

⑥ 应用网上文件管理协同平台，确保项目信息及时有效传递。

⑦ 将视频监控系统与网上文件管理平台整合，实现施工现场的实时监控和管理。

七、实施全过程规划

为了在项目期间最有效地利用协同项目管理与 BIM 计划，先投入时间对项目各阶段中团队各利益相关方之间的协作方式进行规划。从摇篮（建筑的设计），直至坟墓，各种信息始终整合于一个三维模型信息数据库中；设计、施工、运营和业主等各方可以基于 BIM 进行协同工作，有效提高工作效率、节省资源、降低成本，以实现可持续发展。借助 BIM 模型，可大大提高建筑工程的信息集成化程度，从而为项目的相关利益方提供一个信息交换和共享的平台。结合更多的数字化技术，还可以被用于模拟建筑物在真实世界中的状态和变化，在建成之前，相关利益方就能对整个工程项目的成败做出完整的分析和评估。

八、协同平台准备

为了保证各专业内和不同专业之间信息模型的无缝衔接和及时沟通，

BIM 项目需要在一个统一的平台上完成。该协同平台可以是专门的平台软件，也可以利用 Windows 操作系统实现。其关键技术是具备一套具体可行的合作规则，协同平台应具备的最基本功能是信息管理和人员管理。

在协同化设计的工作模式下，设计成果的传递不应为 U 盘拷贝及快递等低效滞后的方式，而应利用 Windows 共享、FTP 服务器等共享功能。

BIM 设计传输的数据量远大于传统设计，其数据量能达到几百兆，甚至于几个 GB，如果没有一个统一的平台来承载信息，设计的效率就会大大降低。信息管理还需注意的一点是信息安全，项目中有些信息不宜公开，如 ABD 的工作环境 Workspace 等。这就要求在项目中的信息设定权限。各方面人员只能根据自己的权限享有 BIM 信息。至此，在项目中应用 BIM 所采用的软件及硬件配置，BIM 实施标准及建模要求，BIM 应用具体执行计划，项目参与人员的工作职责和工作内容，以及团队协同工作的平台均已经准备完毕。那么下面要做的就是项目参与方各司其职，进行建模、沟通和协调。

第六章

BIM在施工项目管理中的技术及应用研究

第一节 BIM模型建立及维护研究

在建设项目中，需要记录和处理大量的图形和文字信息。传统的数据集成是以二维图纸和书面文字进行记录的，但当引入BIM技术后，将原本的二维图形和书面信息进行了集中收录与管理。在BIM中“I”为BIM的核心理念，也就是“Information”，它将工程中庞杂的数据进行了行之有效的分类与归总，使工程建设变得顺利，减少了工程中出现的问题。但需要强调的是，在BIM的应用中，模型是信息的载体，没有模型的信息不能反映工程项目的内容。所以在 BIM 中“M”（Modeling）也具有相当的价值，应受到相应的重视。BIM的模型建立的优劣，会对将要实施的项目在进度、质量上产生很大的影响。BIM是贯穿整个建筑全生命周期的，在初始阶段的问题，将会被一直延续到工程的结束。同时，失去模型这个信息的载体，数据本身的实用性与可信度将会大打折扣。所以，在建立BIM模型之前一定要建立完备的流程，并在项目进行的过程中，对模型进行相应的维护，以确保建设项目能安全、准确、高效地进行。

在工程开始阶段，由设计单位向总承包单位提供设计图纸、设备信息和

BIM 创建所需数据，总承包单位对图纸进行仔细核对，并完善信息，建立 BIM 模型。在完成根据图纸建立的初步 BIM 模型后，总承包单位组织设计和业主代表召开 BIM 模型及相关资料法人交接会，对设计提供的数据进行核对，并根据设计和业主的补充信息，完善 BIM 模型。在整个 BIM 模型创建及项目运行期间，总承包单位将严格遵循经建设单位批准的 BIM 文件命名规则。

在施工阶段，总承包单位负责对 BIM 模型进行维护、实时更新，确保 BIM 模型中的信息准确无误，保证施工顺利进行。模型的维护主要包括以下几个方面：根据施工过程中的设计变更及深化设计，及时修改、完善 BIM 模型；根据施工现场的实际进度，及时修改、更新 BIM 模型；根据业主对工期节点的要求，上报业主与施工进度和设计变更相一致的 BIM 模型。

在 BIM 模型创建及维护的过程中，应保证 BIM 数据的安全性。建议采用以下数据安全管理措施：BIM 小组采用独立的内部局域网，阻断与互联网的连接；局域网内部采用真实身份验证，非 BIM 工作组成员无法登录该局域网，进而无法访问网站数据；BIM 小组进行严格分工，数据存储按照分工和不同用户等级设定访问和修改权限；全部 BIM 数据进行加密，设置内部交流平台，对平台数据进行加密，防止信息外漏；BIM 工作组的电脑全部安装密码锁进行保护，BIM 工作组单独安排办公室，无关人员不能入内。

第二节　预制加工管理分析

一、构件加工详图

通过 BIM 模型对建筑构件的信息化表达，可在 BIM 模型上直接生成构件加工图，不仅能清楚地传达传统图纸表现出的二维关系图，而且对于复杂的空间剖面关系也可以清楚表达，同时还能够将离散的二维图纸信息集

中到一个模型当中，这样的模型能够更加紧密地实现与预制工厂的协同和对接。

BIM 模型可以完成构件加工、制作图纸的深化设计。如利用 Tekla Structures 等设计软件真实模拟结构深化设计，通过软件自带功能将所有加工详图（包括布置图、构件图、零件图等）利用三视图原理进行投影、剖面生成深化图纸，图纸上的所有尺寸，包括杆件长度、断面尺寸、杆件相交角度均是在杆件模型上直接投影产生的。

二、构件生产指导

BIM 建模是对建筑的真实反映，在生产加工过程中，BIM 信息化技术可以直观地表达出配筋的空间关系和各种下料参数情况，能自动生成构件下料单、派工单、模具规格参数等生产表单，并且能通过可视化的直观表达帮助工人更好地理解设计意图，可以形成 BIM 生产模拟动画、流程图、说明图等辅助培训的材料，有助于提高工人生产的准确性和质量效率。

三、通过 BIM 实现预制构件的数字化制造

借助工厂化、机械化的生产方式，采用集中、大型的生产设备，将 BIM 信息数据输入设备就可以实现机械的自动化生产，这种数字化建造的方式可以大大提高工作效率和生产质量。比如现在已经实现了钢筋网片的商品化生产，符合设计要求的钢筋在工厂自动下料、自动成形、自动焊接（绑扎），形成标准化的钢筋网片。

四、构件详细信息全过程查询

作为施工过程中的重要信息，检查和验收信息将被完整地保存在 BIM 模

型中，相关单位可快捷地对任意构件进行信息查询和统计分析，在保证施工质量的同时，能使质量信息在运维期有迹可循。

第三节　虚拟施工管理分析

通过 BIM 技术结合施工方案、施工模拟和现场视频监测进行基于 BIM 技术的虚拟施工，虚拟施工不消耗施工资源，却可以根据可视化效果看到并了解施工的过程和结果，可以较大程度地降低返工成本和管理成本，降低风险，增强管理者对施工过程的控制能力。建模的过程就是虚拟施工的过程，是先试后建的过程。施工过程的顺利实施是在有效的施工方案指导下进行的，施工方案的制定主要是根据项目经理、项目总工程师及项目部的经验，施工方案的可行性一直受到业界的关注，由于建筑产品的单一性和不可重复性，施工方案具有不可重复性。一般情况，当某个工程即将结束时，一套完整的施工方案才展现于面前。虚拟施工技术不仅可以检测和比较施工方案，还可以优化施工方案。

一、虚拟施工管理优势

基于 BIM 的虚拟施工管理能够达到以下目标：创建、分析和优化施工进度；针对具体项目分析将要使用的施工方法的可行性；通过模拟可视化的施工过程，提早发现施工问题，消除施工隐患；形象化的交流工具，使项目参与者能更好地理解项目范围，提供形象的工作操作说明或技术交底；可以更加有效地管理设计变更；全新的试错、纠错概念和方法。不仅如此，虚拟施工过程中建立好的 BIM 模型可以作为二次植入开发的模型基础，大大提高了三维渲染效果的精度与效率，可以给业主更为直观的宣传介绍，也可以进一步为房地产公司开发出虚拟样板间等延伸应用。

虚拟施工给项目管理带来的好处可以总结为以下三点。

（一）施工方法可视化

虚拟施工使施工变得可视化，随时随地直观快速地将施工计划与实际进展进行对比，同时进行有效的协同，施工方、监理方，甚至非工程行业出身的业主领导都对工程项目的各种情况了如指掌。施工过程的可视化，使BIM成为一个便于施工方与其他参与方交流的沟通平台。通过这种可视化的模拟缩短了现场工作人员熟悉项目施工内容、方法的时间，减少了人员在工程施工初期因为错误施工而导致的时间和成本的浪费，还可以加快、加深对工程参与人员培训的速度及深度，真正做到质量、安全、进度、成本管理和控制的人人参与。

5D全真模型平台虚拟原型工程施工，对施工过程进行可视化的模拟，包括工程设计、现场环境和资源使用状况，具有更大的可预见性，将改变传统的施工计划、组织模式。施工方法的可视化是使所有项目参与者在施工前就能清楚地知道所有施工内容及自己的工作职责，能促进施工过程中的有效交流。它是目前用于评估施工方法、发现施工问题、评估施工风险的最简单、经济、安全的方法。

（二）施工方法可验证

BIM技术能全真模拟运行整个施工过程，项目管理人员、工程技术人员和施工人员可以了解每一步施工活动。如果发现问题，工程技术人员和施工人员可以提出新的施工方法，并对新的施工方法通过模拟来验证，即判断施工过程，它能在工程施工前识别绝大多数的施工风险和问题，并有效地解决。

（三）施工组织可控制

施工组织是对施工活动实行科学管理的重要手段，它决定了各阶段的施工准备工作内容，协调施工过程中各施工单位、各施工工种及各项资源之间的相互关系。BIM可以对施工的重点和难点部分进行可见性模拟，按网络光标进行施工方案的分析和优化。对一些重要的施工环节和采用施工工艺的关键部位、施工现场平面布置等施工指导措施进行模拟和分析，以提高计划的可执行性。利用BIM技术结合施工组织设计进行电脑预演，以提高复杂建筑体系的可施工性。借助BIM对施工组织的模拟，项目管理者能非常直观地了解间隔施工过程的时间节点和关键工序情况，并清晰地把握在施工过程中的难点和要点，也可以进一步对施工方案进行优化完善，以提高施工效率和施工方案的安全性。可视化模型输出的施工图片，可作为可视化的工作操作说明或技术交底分发给施工人员，用于指导现场的施工，方便现场的施工管理人员对照图纸进行施工指导和现场管理。

二、BIM虚拟施工具体应用

采用BIM进行虚拟施工，需要事先确定以下信息：设计和现场施工环境的5D模型；根据构件选择施工机械及机械的运行方式；确定施工的方式和顺序；确定所需临时设施及安装位置。BIM在虚拟施工管理中的应用主要有场地布置方案、专项施工方案、关键工艺展示、施工模拟（土建主体及钢结构部分）、装修效果模拟等。

（一）场地布置方案

为使现场使用合理，施工平面布置应有条理，尽量减少占用施工用地，使平面布置紧凑合理，同时做到场地整齐清洁，道路畅通，符合防火安全及文明施工的要求，施工过程中应避免多个工种在同一场地、同一区域相互牵制、相互干扰。施工现场应设专人负责管理，各项材料、机具等按已审定的现场施工平面布置图的位置摆放。

基于建立的BIM三维模型及搭建的各种临时设施，可以对施工场地进行布置，合理安排塔吊、库房、加工场地和生活区等的位置，解决现场施工场

地划分问题；通过与业主的可视化沟通协调，对施工场地进行优化，选择最优施工路线。

（二）专项施工方案

通过 BIM 技术指导编制专项施工方案，可以直观地对复杂工序进行分析，将复杂部位简单化、透明化，提前模拟方案编制后的现场施工状态，对现场可能存在的危险源、安全隐患、消防隐患等提前排查，合理排布专项方案的施工工序，有利于方案的专项性、合理性。

（三）关键工艺展示

对于工程施工的关键部位，如预应力钢结构的关键构件及部位，其安装相对复杂，因此合理的安装方案非常重要。正确的安装方法能够省时省费用，传统方法只有工程实施时才能得到验证，这就可能造成二次返工等问题。同时，传统方法是施工人员在完全领会设计意图之后，再传达给建筑工人，相对专业性的术语及步骤对于工人来说难以完全领会。基于 BIM 技术，能够提前对重要部位的安装进行动态展示，提供施工方案讨论和技术交流的虚拟现实信息。

（四）土建主体结构施工模拟

根据拟定的最优施工现场布置和最优施工方案，将由项目管理软件如 Project 编制的施工进度计划与施工现场 3D 模型集成一体，引入时间维度，能够完成对工程主体结构施工过程的 4D 施工模拟。通过 4D 施工模拟，可以使设备材料进场、劳动力配置、机械排班等各项工作安排得更加经济合理，从而加强了对施工进度、施工质量的控制。针对主体结构施工过程，利用已完成的 BIM 模型进行动态施工方案模拟，展示重要施工环节动画，对比分析不同施工方案的可行性，能够对施工方案进行分析，并听从指令对施工方案进行动态调整。

第四节　进度管理分析

一、进度管理的内涵

工程建设项目的进度管理是指对工程项目各建设阶段的工作内容、工作程序、持续时间和逻辑关系制订计划，将该计划付诸实施。在实施过程中要经常检查实际进度是否按计划要求进行，对出现的偏差分析原因，采取补救措施、及时调整、修改原计划，直至工程竣工后交付使用。进度管理的最终目的是确保进度目标的实现。工程建设监理所进行的进度管理是指为使项目按计划要求的时间进行而开展的有关监督管理活动。施工进度管理在项目整体控制中起着至关重要的作用，主要体现在以下三个方面。

第一，进度决定着总财务成本。什么时间可销售，多长时间可开盘销售，对整个项目的财务总成本影响最大。一个投资 100 亿元的项目，一天的财务成本大约是 300 万元，延迟一天交付、延迟一天销售，开发商即将面对巨额损耗。更快的资金周转和资金效率是当前各地产公司最为在意的地方。

第二，交付合同约束。交房协议有交付日期，不交付将影响信誉并且需缴纳延迟交付罚款。

第三，运营效率与竞争力问题。多少人管理运营一个项目，多长时间完成一个项目，资金周转速度，是开发商的重要竞争力之一，也是承包商的关键竞争力。提升项目管理效率不只是成本问题，更是企业重要竞争力之一。

二、进度管理影响因素

在实际工程项目进度管理过程中，虽然有详细的进度计划及网络图、横

道图等技术做支撑，但是“破网”事故仍时有发生，对整个项目的经济效益产生直接的影响。通过对事故进行调查，影响进度管理的主要原因有以下几方面。

第一，建筑设计缺陷。首先，设计阶段的主要工作是完成施工所需图纸的设计，通常一个工程项目的整套图纸少则几十张，多则成百上千张，有时甚至数以万计，图纸所包含的数据庞大，而设计者和审图者的精力有限，存在错误是必然的；其次，项目各个专业的设计工作是独立完成的，导致各专业的二维图纸所表现的内容在空间上很容易出现碰撞和矛盾。如果上述问题没有被提前发现，直到施工阶段才显露出来，势必对工程项目的进度产生影响。

第二，施工进度计划编制不合理。工程项目进度计划的编制很大程度上依赖于项目管理者的经验，虽然有施工合同、进度目标、施工方案等客观条件的支撑，但是项目的唯一性和个人经验的主观性难免会使进度计划存在不合理之处，并且现行的编制方法和工具相对比较抽象，不易对进度计划进行检查，一旦计划出现问题，按照计划所进行的施工过程必然会受到影响。

第三，现场人员的素质。随着施工技术的发展和新型施工机械的应用，工程项目施工过程越来越趋于机械化和自动化。但是，保证工程项目顺利完成的主要因素还是人，施工人员的素质是影响项目进度的一个主要方面。施工人员对施工图纸的理解、对施工工艺的熟悉程度和操作技能水平等因素都可能对项目能否按计划顺利完成产生影响。

第四，参与方沟通和衔接不畅。建设项目往往会消耗大量的财力和物力，如果没有一个详细的资金、材料使用计划是很难完成的。在项目施工过程中，由于专业不同，施工方与业主和供货商的信息沟通不充分、不彻底，业主的资金计划、供货商的材料供应计划与施工进度不匹配，同样也会造成工期的延误。

第五，施工环境影响。工程项目既受当地地质条件、气候特征等自然环境的影响，又受到交通设施、区域位置、供水供电等社会环境的影响。项目实施过程中任何不利的环境因素都有可能对项目进度产生严重影响。因此，必须在项目开始阶段就充分考虑环境因素的影响，并提出相应的应对措施。

三、我国建筑工程当前进度管理现状

传统的项目进度管理过程中事故频发，究其根本在于管理模式存在一定的缺陷，主要体现在以下几个方面。

第一，二维 CAD 设计图形象性差。二维三视图作为一种基本表现手法，将现实中的三维建筑用二维的平、立、侧三视图表达。特别是 CAD 技术的应用，用电脑屏幕、鼠标、键盘代替了画图板、铅笔、直尺、圆规等手工工具，大大提高了出图效率。尽管如此，由于二维图纸的表达形式与人们现实中的习惯维度不同，所以要看懂二维图纸存在一定困难，需要通过专业的学习和长时间的训练才能读懂图纸。同时，随着人们对建筑外观美观度的要求越来越高，以及建筑设计行业自身的发展，异形曲面的应用更加频繁，如悉尼歌剧院、国家大剧院、鸟巢等外形奇特、结构复杂的建筑物越来越多。即使设计师能够完成图纸，对图纸的认识和理解也仍有难度。另外，二维 CAD 设计可视性不强，设计师无法有效检查自己的设计效果，很难保证设计质量，设计师与建造师之间的沟通形成障碍。

第二，网络计划抽象，往往难以理解和执行。网络计划图是工程项目进度管理的主要工具，也有其缺陷和局限性。首先，网络计划图计算复杂，理解困难，只适合于行业内部使用，不适于与外界沟通和交流；其次，网络计划图表达抽象，不能直观地展示项目的计划进度过程，也不方便进行项目实际进度的跟踪；最后，网络计划图要求项目工作分解细致，逻辑关系准确，这些都依赖于个人的主观经验，实际操作中往往会出现各种问题，很难做到完全一致。

第三，二维图纸不方便各专业之间的协调沟通。二维图纸由于受可视化程度的限制，使得各专业之间的工作相对分离。无论是在设计阶段还是在施

工阶段，都很难对工程项目进行整体性表达。各专业单独工作或许十分顺利，但是在各专业协同作业时往往就会产生碰撞和矛盾，给整个项目的顺利完成带来困难。

第四，传统方法不利于规范化和精细化管理。随着项目管理技术的不断发展，规范化和精细化管理是形势所趋。但是传统的进度管理方法很大程度上依赖于项目管理者的经验，很难形成一种标准化和规范化的管理模式。这种经验化的管理方法受主观因素的影响很大，直接影响施工的规范化和精细化管理。

四、基于 BIM 技术进度管理优势

BIM 技术的引入，可以突破二维的限制，给项目进度管理带来不同的体验，主要体现在以下几个方面。

第一，提升全过程协同效率。基于 3D 的 BIM 沟通语言，简单易懂、可视化好，大大加快了沟通效率，减少了理解不一致的情况；基于互联网的 BIM 技术能够建立起强大高效的协同平台：所有参建单位在授权的情况下，可随时随地获得项目最新、最准确、最完整的工程数据，从过去点对点传递信息转变为一对多传递信息，效率提升，图纸信息版本完全一致，从而减少传递时间和版本不一致导致的施工失误；通过 BIM 软件系统的计算，减少了沟通协调的问题。传统靠人脑计算 3D 关系的工程问题探讨，容易产生人为的错误，BIM 技术可减少这类问题，同时也减少协同的时间投入；另外，现场结合 BIM、移动智能终端拍照，也大大提升了现场问题沟通效率。

第二，加快设计进度。从表面上来看，BIM 设计减慢了设计进度。产生这样的结论的原因，一是现阶段设计用的 BIM 软件确实生产率不够高，二是当前设计院交付质量较低。但实际情况表明，使用 BIM 设计虽然增加了时间，但交付成果质量却有明显提升，在施工以前解决了更多问题，推送给施工阶段的问题大大减少，这对总体进度而言是大大有利的。

第三，碰撞检测，减少变更和返工进度损失。BIM 技术强大的碰撞检查功能，十分有利于减少进度浪费。大量的专业冲突拖延了工程进度，大量废弃工程、返工的同时，也造成了巨大的材料、人工浪费。当前的产业机制造成设计和施工的分家，设计院为了效益，尽量降低设计工作的深度，交付成果很多是方案阶段成果，而不是最终施工图，里面有很多深入下去才能发现的问题，需要施工单位的深化设计，由于施工单位技术水平有限和理解问题，特别是当前三边工程较多的情况下，专业冲突十分普遍，返工现象常见。在中国当前的产业机制下，利用 BIM 系统实时跟进设计，第一时间发现问题、解决问题，带来的进度效益和其他效益都是十分惊人的。

第四，加快招投标组织工作。设计基本完成，要组织一次高质量的招投标工作，编制高质量的工程量清单要耗时数月。一个质量低下的工程量清单将导致业主方巨额的损失，利用不平衡报价很容易造成更高的结算价。利用基于 BIM 技术的算量软件系统，大大加快了计算速度和计算准确性，加快招标阶段的准备工作，同时提升了招标工程量清单的质量。

第五，加快支付审核。当前很多工程中，由于付款争议挫伤承包商积极性，影响到工程进度的问题时有发生。业主方缓慢的支付审核往往引起与承包商合作关系的恶化，甚至影响到承包商的积极性。业主方利用 BIM 技术的数据能力，快速校核反馈承包商的付款申请单，则可以大大加快期中付款反馈机制，提升双方战略合作成果。

第六，加快生产计划、采购计划编制。工程中经常因生产计划、采购计划编制缓慢损失了进度。急需的材料、设备不能按时进场，造成窝工影响了工期。BIM 改变了这一切，随时随地获取准确数据变得非常容易，制订生产计划、采购计划大大缩短了用时，加快了进度，同时提高了计划的准确性。

第七，加快竣工交付资料准备。基于 BIM 的工程实施方法，过程中所有资料可随时挂接到工程 BIM 数字模型中，竣工资料在竣工时即形成。竣工 BIM 模型在运维阶段还将为业主方发挥巨大的作用。

第八，提升项目决策效率。传统的工程实施中，由于大量决策依据、数

据不能及时完整地提交出来，决策被迫延迟或决策失误造成工期损失的现象非常多见。实际情况中，只要工程信息数据充分，决策并不困难，难的往往是决策依据不足、数据不充分，有时导致领导难以决策，有时导致多方谈判长时间僵持，延误工程进展。BIM 形成工程项目的多维度结构化数据库，整理分析数据几乎可以实时实现，完全没有了这方面的难题。

五、BIM 技术在进度管理中的具体应用

BIM 在工程项目进度管理中的应用体现在项目进行过程中的方方面面，下面仅对其关键应用点进行具体介绍。

（一）BIM 施工进度模拟

当前建筑工程项目管理中经常用于表示进度计划的甘特图，由于专业性强、可视化程度低，无法清晰描述施工进度及各种复杂关系，难以准确表达工程施工的动态变化过程。通过将 BIM 与施工进度计划相连接，将空间信息与时间信息整合在一个可视的 4D（3D+时间）模型中，不仅可以直观、精确地反映整个建筑的施工过程，还能够实时追踪当前的进度状态，分析影响进度的因素，协调各专业，制定应对措施，以缩短工期、降低成本、提高质量。

目前常用的 4DBIM 施工管理系统或施工进度模拟软件很多，利用此类管理系统或软件进行施工进度模拟大致分为以下步骤：① 赋予 BIM 模型应用材料材质；② 制订 Project 计划；③ 将 Project 文件与 BIM 模型连接；④ 制定构件运动路径，并相互连接；⑤ 设置动画视点并输出施工模拟动画。通过 4D 施工进度模拟，能够完成以下内容：基于 BIM 施工组织，对工程重点和难点的部位进行分析，制定切实可行的对策；依据模型，确定方案、拟定计划、划分流水段；BIM 施工进度利用季度卡来编制计划；将周和月结合在一起，假设后期需要任何时间段的计划，只需在这个计划中过滤一下即可自动生成；做到对现场的施工进度的每日管理。

（二）BIM 施工安全与冲突分析系统

时变结构和支撑体系的安全分析通过模型数据转换机制，自动由 4D 施工信息模型生成结构分析模型，进行施工期间时变结构与支撑体系任意时间点的力学分析计算和安全性能评估。

施工过程进度、资源、成本的冲突分析通过动态展现各施工段的实际进度与计划的对比关系，实现进度偏差和冲突分析及预警；指定任意日期，自动计算所需人力、材料、机械和成本，进行资源对比分析和预算；根据清单计价和实际进度计算实际费用，动态分析任意时间点的成本及其影响关系。

场地碰撞检测基于施工现场 4D 时间模型和碰撞检测算法，可对构件与管线、设施与结构进行动态碰撞检测和分析。

（三）BIM 建筑施工优化系统

建立进度管理软件 P3 和 P6 数据模型与离散事件优化模型的数据交换，基于施工优化信息模型，实现基于 BIM 和离散事件模拟的施工进度、资源及场地优化和过程的模拟。

基于 BIM 和离散事件模拟的施工优化通过对各项工序的模拟计算，得出工序工期、人力、机械、场地等资源的占用情况，对施工工期、资源配置及场地布置进行优化，实现多个施工方案的比选。

基于过程优化的 4D 施工过程模拟实现了 4D 施工管理与施工优化的数据集成，实现了基于过程优化的 4D 施工可视化模拟。

（四）三维技术交底及安装指导

我国工人文化水平不高，在大型复杂工程施工技术交底时，工人往往难以理解技术要求。针对技术方案无法细化、不直观、交底不清晰的问题，解决方案是：应改变传统的思路与做法（通过纸介质表达），转由借助三维技术

呈现技术方案，使施工重点、难点部位可视化、提前预见问题，确保工程质量，加快工程进度。三维技术交底即通过三维模型让工人直观地了解自己的工作范围及技术要求，主要方法有两种：一种是虚拟施工和实际工程照片对比；另一种是将整个三维模型进行打印输出，用于指导现场的施工，方便现场的施工管理人员拿图纸进行施工指导和现场管理。

对钢结构而言，关键节点的安装质量至关重要。安装质量不合格，轻者将影响结构受力形式，重者将导致整个结构的破坏。三维BIM模型可以提供关键构件的空间关系及安装形式，方便技术交底与施工人员深入了解设计意图。

（五）移动终端现场管理

采用无线移动终端、Web及RFID等技术，全过程与BIM模型集成，实现数据库化、可视化管理，避免任何一个环节出现问题给施工和进度质量造成影响。

BIM是从美国发展起来的，之后逐渐扩展到日本、欧洲、新加坡等发达国家，2002年之后国内开始逐渐接触BIM技术和理念。从应用领域上看，国外已将BIM技术应用在建筑工程的设计、施工及建成后的运营维护阶段；国内应用BIM技术的项目较少，大多集中在设计阶段，缺乏施工阶段的应用。BIM技术发展缓慢直接影响其在进度管理中的应用，国内BIM技术在工程项目进度管理中的应用主要需要解决软件系统、应用标准和应用模式等方面的问题。目前，国内BIM应用软件大部分依靠国外引进，但类似软件不能满足国内的规范和标准要求，必须研发具有自主知识产权的相关软件或系统，如基于BIM的4D进度管理系统，才能更好地推动BIM技术在国内工程项目进度管理中的应用，提升进度管理效率和项目管理水平。BIM标准的缺乏是阻碍BIM技术功能发挥的主要原因之一，国内应该加大BIM技术在行业协会、大专院校和科研院所的研究力度，相关政府部门应给予更多的支持。另外，目前常用的项目管理模式阻碍BIM技术效益的充分发挥，应该推动与BIM相适应的管理模式应用，如综合项目交付模式，把业主、设计方、总承包商和分包商集合在一起，充分发挥BIM技术在建筑工程全生命周期内的效益。

第五节　安全管理分析

一、安全管理的内涵

安全管理是管理科学的一个重要分支，它是为实现安全目标而进行的有关决策、计划、组织和控制等方面的活动；主要运用现代安全管理原理、方法和手段，分析和研究各种不安全因素，从技术上、组织上和管理上采取有力的措施，解决和消除各种不安全因素，防止事故的发生。

安全管理是企业生产管理的重要组成部分，是一门综合性的系统科学。安全管理的对象是生产中一切人、物、环境的状态管理与控制，安全管理是一种动态管理。安全管理，主要是组织实施企业安全管理规划、指导、检查和决策，同时，又是保证生产处于最佳安全状态的根本环节。施工现场安全管理的内容，大体可归纳为安全组织管理，场地与设施管理，行为控制和安全技术管理四个方面，分别对生产中的人、物、环境的行为与状态，进行具体的管理与控制。

二、我国建筑工程安全管理现状

建筑业是我国五大高危行业之一，《安全生产许可证条例》规定建筑企业必须实行安全生产许可证制度。但是为何建筑业的“五大伤害”事故的发生率并没有明显下降？从管理和现状的角度，主要有以下几种原因。

第一，企业责任主体意识不明确。企业对法律法规缺乏应有的了解和认识，上到企业法人，下到专职安全生产管理人员，对自身安全责任及工程施工中所应当承担的法律责任没有明确的了解，误认为安全管理是政府的职责，造成安全管理不到位。

第二，政府监管压力过大，监管机构和人员严重不足。为避免安全生产事故的发生，政府监管部门按例进行建筑施工安全检查。由于我国安全生产事故追究实行“问责制”，一旦发生事故，监管部门的管理人员需要承担相应责任。而由于有些地区监管机构和人员严重不足，造成政府监管压力过大，加之检查人员的业务水平不足等因素，很容易使事故隐患没有被及时发现。

第三，企业重生产，轻安全，“质量第一、安全第二”。一方面，潜伏性和随机性，造成事故的发生，安全管理不合格是安全事故发生的必要条件而非充分条件，企业存在侥幸心理，疏于安全管理；另一方面，由于质量和进度直接关系到企业效益，而生产能给企业带来效益，安全则会给企业增加支出，所以很多企业重生产而轻安全。

第四，“垫资”“压价”等不规范的市场主体行为直接导致施工企业削减安全投入。“垫资”“压价”等不规范的市场行为一直压制企业发展，造成企业无序竞争。很多企业为生产而生产，有些项目零利润甚至负利润。在生存与发展面前，很多企业的安全投入就成了一句空话。

第五，建筑业企业资质申报要求提供安全评估资料，这就要求独立于政府和企业之外的第三方建筑业安全咨询评估机构要大量存在，安全咨询评估机构所提供的评估报告可以作为政府对企业安全生产现状采信的证明。而安全咨询评估机构的缺少，无法给政府提供独立可供参考的第三方安全评估报告。

第六，工程监理管安全，“一专多能”起不到实际作用。建筑安全是一门多学科系统，在我国属于新兴学科，同时也是专业性很强的学科。而监理人员多是从施工员、质检员过渡而来，对施工质量很专业，但对安全管理并不专业。相关的行政法规却把施工现场安全责任划归监理，并不十分合理。

三、基于 BIM 的安全管理优势

基于 BIM 的管理模式是创建信息、管理信息、共享信息的数字化方式，在工程安全管理方面具有很多优势，如基于 BIM 的项目管理，工程基础数据如量、价等，数据准确、数据透明、数据共享，能完全实现短周期、全过程对资金安全的控制；基于 BIM 技术，可以提供施工合同、支付凭证、施工变更等工程附件管理，并为成本测算、招投标、签证管理、支付等全过程造价进行管理；BIM 数据模型保证了各项目的数据动态调整，可以方便统计，追溯各个项目的现金流和资金状况；基于 BIM 的 4D 虚拟建造技术能提前发现在施工阶段可能出现的问题，并逐一修改，提前制定应对措施；采用 BIM 技术，可实现虚拟现实和资产、空间等管理、建筑系统分析等技术内容，从而便于运营维护阶段的管理应用；运用 BIM 技术，可以对火灾等安全隐患及时处理，从而减少不必要的损失，对突发事件快速应变和处理，快速准确掌握建筑物的运营情况。

四、BIM 技术在安全管理中的具体应用

采用 BIM 技术可使整个工程项目在设计、施工和运营维护等阶段都能够有效地控制资金风险，实现安全生产。下面将对 BIM 技术在工程项目安全管理中的具体应用进行介绍。

（一）施工准备阶段安全控制

在施工准备阶段，利用 BIM 进行与实践相关的安全分析，能够降低施工安全事故发生的可能性，如 4D 模拟与管理和安全表现参数的计算可以在施

工准备阶段排除很多建筑安全风险；BIM 虚拟环境划分施工空间，排除安全隐患；基于 BIM 及相关信息技术的安全规划可以在施工前的虚拟环境中发现潜在的安全隐患并予以排除；采用 BIM 模型结合有限元分析软件，进行力学计算，保障施工安全；通过模型发现施工过程重大危险源并实现危险源自动识别等。

（二）施工过程仿真模拟

仿真分析技术能够模拟建筑结构在施工过程中不同时段的力学性能和变形状态，为结构安全施工提供保障。通常采用大型有限元软件来实现结构的仿真分析，但对于复杂建筑物的模型建立需要耗费较多时间。在 BIM 模型的基础上，开发相应的有限元软件接口，实现三维模型的传递，再附加材料属性、边界条件和荷载条件，结合先进的时变结构分析方法，便可以将 BIM、4D 技术和时变结构分析方法结合起来，实现基于 BIM 的施工过程结构安全分析，有效捕捉施工过程中可能存在的危险状态，指导安全维护措施的编制和执行，防止发生安全事故。

（三）模型试验

对于结构体系复杂、施工难度大的结构，结构施工方案的合理性与施工技术的安全性都需要验证，为此利用 BIM 技术建立试验模型，对施工方案进行动态展示，从而为试验提供模型基础信息。

（四）施工动态监测

长期以来，建筑工程中的事故时常发生，如何在施工中进行结构监测已成为国内外的前沿课题之一。对施工过程进行实时监测，特别是重要部位和关键工序，及时了解施工过程中结构的受力和运行状态。施工监测技术的先进与否，对施工控制起着至关重要的作用，这也是施工过程信息化的一个重要内容。为了及时了解结构的工作状态，发现结构未知的损伤，建立工程结构的三维可视化动态监测系统，就显得十分迫切。

三维可视化动态监测技术较传统的监测手段具有可视化的特点，可以人为操作在三维虚拟环境下漫游来直观、形象地提前发现现场的各类潜在危险源，提供更便捷的方式查看监测位置的应力应变状态。当某一监测点应力或应变超过拟定的范围时，系统将自动采取报警予以提醒。

使用自动化监测仪器进行基坑沉降观测，通过将感应元件监测的基坑位移数据自动汇总到基于 BIM 开发的安全监测软件上，通过对数据的分析，结合现场实际测量的基坑坡顶水平位移和竖向位移变化数据，形成动态的监测管理，确保基坑在土方回填之前的安全稳定性。

通过信息采集系统得到结构施工期间不同部位的检测值，根据施工工序判断每时段的安全等级，并在终端上实时显示现场的安全状态和存在的潜在威胁，给管理者以直观的指导。

（五）防坠落管理

坠落危险源包括尚未建造的楼梯井和天窗等。通过在 BIM 模型中的危险源部位建立坠落防护栏杆构件模型，研究人员能够清楚地识别多个坠落风险，并可以向承包商提供完整且详细的信息，包括安装或拆卸栏杆的地点和日期等。

（六）塔吊安全管理

大型工程施工现场需多台塔吊同时作业，因塔吊旋转半径不足而造成的施工碰撞屡屡发生。确定塔吊回转半径后，在整体 BIM 施工模型中布置的不同型号的塔吊，能够确保塔吊同电源线和附近建筑物的安全距离，确定哪些员工在哪些时候会使用塔吊。在整体施工模型中，用不同颜色的色块来表明塔吊的回转半径和影响区域，并进行碰撞检测来生成塔吊回转半径内的任何非钢安装活动的安全分析报告。该报告可以用于项目定期安全会议中，减少由于施工人员和塔吊缺少交互而产生的意外风险。

（七）灾害应急管理

随着建筑设计的日新月异，规范已经无法满足超高型、超大型或异形建筑空间的消防设计。利用 BIM 及相应的灾害分析模拟软件，可以在灾害发生前，模拟灾害发生的过程，分析灾害发生的原因，制定避免灾害发生的措施和发生灾害后人员疏散、救援支持的应急预案，以保证在发生意外时减少损失并赢得宝贵的处理时间。BIM 能够模拟人员疏散时间、疏散距离、有毒气体扩散时间、建筑材料耐燃烧极限及消防作业面等，主要表现为 4D 模拟、3D 漫游和 3D 渲染能够标识各种危险，且 BIM 中生成的 3D 动画、渲染能够用来同工人沟通应急预案计划方案，应急预案包括五个子计划：施工人员的入口和出口、建筑设备和运送路线、临时设施和拖车位置、紧急车辆路线、恶劣天气的预防措施。利用 BIM 数字化模型进行物业沙盘模拟训练，训练保安人员对建筑的熟悉程度，在模拟灾害发生时，通过 BIM 数字模型指导大楼人员进行快速疏散；通过对事故现场人员感官的模拟，使疏散方案更合理；通过 BIM 模型判断监控摄像头布置是否合理，与 BIM 虚拟摄像头关联，可随时打开任意视角的摄像头，摆脱传统监控系统的弊端。

另外，当灾害发生后，BIM 模型可以提供救援人员紧急状况点的完整信息，配合温感探头和监控系统发现温度异常区，获取建筑物及设备的状态信息，通过 BIM 和楼宇自动化系统的结合，使得 BIM 模型能清晰地呈现出建筑物内部紧急状况的位置，甚至得到紧急状况点最合适的路线，救援人员可以由此做出正确的现场处置，提高应急行动的成效。

安全管理是企业的命脉，安全管理秉承“安全第一，预防为主”的原则，需要在施工管理中编写相关安全措施，其主要目的是要抓住施工薄弱环节和关键部位。但传统施工管理中，往往只能根据经验和相关规范要求编写相关安全措施，针对性不强。在 BIM 的作用下，这种情况将会有所改善。

第六节　质量管理分析

一、质量管理的内涵

我国国家标准 GB/T 19000-2016 对质量的定义为：一组固有特征满足要求的程度。质量的主体不仅包括产品，还包括过程、活动的工作质量和质量管理体系运行的效果。工程项目质量管理是指在力求实现工程项目总目标的过程中，为满足项目的质量要求开展的有关管理监督活动。

二、质量管理影响因素

在工程建设中，无论是勘察、设计、施工还是机电设备的安装，影响工程质量的因素主要有“人、机、料、法、环”五大方面，即人工、机械、材料、工法、环境。所以工程项目的质量管理主要是对这五个方面进行控制。

（一）人工的控制

人工是指直接参与工程建设的决策者、组织者、指挥者和操作者。人工的因素是影响工程质量的五大因素中的首要因素。在某种程度上，它决定了其他因素。很多质量管理过程中出现的问题归根结底都是人工的问题。项目参与者的素质、技术水平、管理水平、操作水平都影响了工程建设项目的最终质量。

（二）机械的控制

施工机械设备是工程建设不可或缺的设施，对施工项目的施工质量有着

直接影响。有些大型、新型的施工机械可以使工程项目的施工效率大大提高，而有些工程内容和施工工作必须依靠施工机械才能保证如混凝土，特别是大型混凝土的振捣机械、道路地基的碾轧机械等。如果靠人工来完成这些工作，往往很难保证工程质量。但是施工机械体积庞大、结构复杂，而且往往需要有效的组合和配合才能收到事半功倍的效果。

（三）材料的控制

材料是建设工程实体组成的基本单元，是工程施工的物质条件，工程项目所用材料的质量直接影响着工程项目的实体质量。因此每一个单元的材料质量都应该符合设计和规范的要求，工程项目实体的质量才能得到保证。在项目建设中使用不合格的材料和构配件，就会造成工程项目的质量不合格。所以在质量管理过程中一定要把好材料关、配件关，打牢质量根基。

（四）工法的控制

工程项目施工方法的选择也对工程项目的质量有着重要影响。对一个工程项目而言，施工方法和组织方案的选择正确与否直接影响整个项目的建设能否顺利进行，关系到工程项目的质量目标能否顺利实现，甚至关系到整个项目的成败。但是施工方法的选择往往是根据项目管理者的经验进行的，有些方法在实际操作中并不一定可行。如预应力混凝土的先拉法和后拉法，需要根据实际的施工情况和施工条件来确定的。施工方法的选择对于预应力混凝土的质量也有一定影响。

（五）环境的控制

工程项目在建设过程中面临很多环境因素的影响，主要有社会环境、经济环境和自然环境等。通常对工程项目的质量产生影响较大的是自然环境，其中又有气候、地质、水文等影响因素。例如，冬季施工对混凝土质量的影响，风化地质或地下溶洞对建筑基础的影响等。因此，在质量管理过程中，管理人员应该尽可能地考虑环境因素对工程质量产生的影响，并且努力去优化施工环境，对于不利因素严加管控，避免其对工程项目的质量产生影响。

三、我国当前质量管理现状

建筑业经过长期的发展已经积累了丰富的管理经验，在此过程中，通过大量的理论研究和专业积累，工程项目的质量管理也逐渐形成了一系列的管理方法。但是工程实践表明：大部分管理方法在理论上的作用很难在工程实际中得到发挥。由于受实际条件和操作工具的限制，这些方法的理论作用只能得到部分发挥，甚至得不到发挥，影响了工程项目质量管理的工作效率，造成工程项目的质量目标最终不能完全实现。工程施工过程中，施工人员专业技能不足、材料的使用不规范、不按设计或规范进行施工、不能准确预知完工后的质量效果、不同专业工种相互影响等都会对工程质量管理造成一定的影响，具体表现在以下几方面。

（一）施工人员专业技能不足

建筑工程项目一线操作人员的技能素质直接影响工程质量，是工程质量高低的决定性因素，工人们的工作技能，职业操守和责任心都对工程项目的最终质量有重要影响。但是现在的建筑市场上，施工人员的专业技能普遍不足，绝大部分没有参加过技能岗位培训或未取得有关岗位证书和技术等级证书。很多工程质量问题都是因为施工人员的专业技能不足造成的。

（二）材料的使用不规范

国家对建筑材料的质量有着严格的规定和划分，个别企业也有自己的材料使用质量标准。但是在实际施工过程中往往对建筑材料质量的管理不

够重视，个别施工单位为了追求额外的效益，会有意无意地在工程项目的建设过程中使用一些不规范的工程材料，造成工程项目的最终质量存在问题。

（三）不按设计或规范进行施工

为了保证工程建设项目的质量，国家制定了一系列有关工程项目各个专业的质量标准和规范。同时，每个项目都有自己的设计资料，规定了项目在实施过程中应该遵守的规范。但是在项目实施的过程中，这些规范和标准经常被突破，一来因为人们对设计和规范的理解存在差异，二来由于管理的漏洞，造成工程项目无法实现预定的质量目标。

（四）不能准确预知完工后的质量效果

一个项目完工之后，如果感官上不美观，就不能称之为质量很好的项目。但是在施工之前，没有人能准确无误地预知完工之后的实际情况。往往在工程完工之后，或多或少都有不符合设计意图的地方，存有遗憾。较为严重的还会出现使用中的质量问题，如设备的安装没有足够的维修空间、管线的布置杂乱无序、因未考虑到局部问题被迫牺牲外观效果等，这些问题都影响着项目完工后的质量效果。

（五）各个专业工种相互影响

工程项目的建设是一个系统、复杂的过程，需要不同专业、工种之间相互协调，相互配合才能很好地完成。但是在工程实际中往往由于专业的不同，或者所属单位的不同，各个工种之间很难在施工前做好协调沟通。这就造成在实际施工中各专业工种配合不好，使得工程项目的进展不连续，需要经常返工；各个工种之间存在碰撞，甚至相互破坏、相互干扰，严重影响了工程项目的质量，如水、电等其他专业队伍与主体施工队伍的工作顺序安排不合理，造成水电专业施工时在承重墙、板、柱、梁上随意凿沟开洞，因此破坏了主体结构，影响了结构安全。

四、基于 BIM 技术质量管理优势

BIM 技术的引入不仅提供了一种“可视化”的管理模式，也能够充分发掘传统技术的潜在能量，使其能够更充分、有效地为工程项目质量管理工作服务。传统的二维管控的方法将各专业平面图叠加，结合局部剖面图，设计审核校对人员凭经验发现错误，并不全面。三维参数化的质量控制，是利用三维模型，通过计算机自动实时检测管线碰撞。

基于 BIM 的工程项目质量管理包括产品质量管理和技术质量管理。

产品质量管理：BIM 模型储存了大量的建筑构件和设备信息，通过软件平台，可快速查找所需的材料及构配件信息，如规格、材质、尺寸要求等，并可根据 BIM 设计模型，对现场施工作业产品进行追踪、记录、分析，掌握现场施工的不确定因素，避免不良后果出现，监控施工质量。

技术质量管理：通过 BIM 的软件平台动态模拟施工技术流程，再由施工人员按照仿真施工流程施工，确保施工技术信息的传递不会出现偏差，避免实际做法和计划做法出现偏差，减少不可预见情况的发生，监控施工质量。

五、BIM 技术在质量管理中的具体应用

下面对 BIM 在工程项目质量管理中的关键应用点进行具体介绍。

（一）建模前期协同设计

在建模前期，需要各参与方协同设计以下方面：建筑专业和结构专业的设计人员大致确定吊顶高度及结构梁高度；对于标高要求严格的区域，提前告知机电专业；各专业针对空间狭小、管线复杂的区域，协调出二维局部剖面图。建模前期协同设计的目的是在建模前期就解决部分潜在的管线碰撞问题，预知潜在质量问题。

（二）碰撞检测

传统二维图纸设计中，在结构、水暖电等各专业设计图纸汇总后，由总工程师寻找发现并协调问题。人为的失误在所难免，使施工中出现很多冲突，造成建设投资巨大浪费，并且还会影响施工进度。另外，由于各专业承包单位实际施工过程中对其他专业或者工种、工序不了解，甚至是漠视，产生的冲突与碰撞也比比皆是。但施工过程中，这些碰撞的解决方案，往往受限于现场已完成部分，大多只能牺牲某部分利益、效能，而被动地变更。调查表明，施工过程中相关各方有时需要付出几十万元、几百万元，甚至上千万元的代价来弥补由设备管线碰撞引起的拆装、返工和浪费。

目前，BIM 技术在三维碰撞检查中的应用已经比较成熟，依靠其特有的直观性及精确性，于设计建模阶段就可一目了然地发现各种冲突与碰撞。在水、暖、电建模阶段，利用 BIM 随时自动检测及解决管线设计初级碰撞，其效果相当于将校审部分工作提前进行，这样可以大大提高成图质量。碰撞检测的实现主要依托于虚拟碰撞软件，其实质为 BIM 可视化技术，施工设计人员在建造之前就可以对项目进行碰撞检查，不但能够彻底消除碰撞，优化工程设计，减少在建筑施工阶段可能存在的错误损失和返工的可能性，而且能够优化方案。最后施工人员可以利用碰撞优化后的三维方案，进行施工交底、施工模拟，提高了施工质量，同时也提高了与业主沟通的主动权。

碰撞检测可以分为专业间碰撞检测及管线综合的碰撞检测。专业间碰撞检测主要包括土建专业之间（如检查标高、剪力墙、柱等位置是否一致，梁与门是否冲突）、土建专业与机电专业之间（如检查设备管道与梁柱是否发生冲突）、机电各专业间（如检查管线末端与室内吊顶是否冲突）的软、硬碰撞点检查；管线综合的碰撞检测主要包括管道专业、暖通专业、电气专业系统内部检查及管道、暖通、电气、结构专业之间的碰撞检查等。另外，解决管线空间布局问题，如机房过道狭小等问题也是常见碰撞内容之一。

在对项目进行碰撞检测时，要遵循如下检测优先级顺序：第一，进行土建碰撞检测；第二，进行设备内部各专业碰撞检测；第三，进行结构与给排水、暖、电专业碰撞检测等；第四，解决各管线之间交叉问题。其中，全专业碰撞检测的方法如下：完成各专业的精确三维模型建立后，选定一个主文件，以该文件轴网坐标为基准，将其他专业模型链接到该主模型中，最终得到一个包括土建、管线、工艺设备等全专业的综合模型。该综合模型真正为设计提供了模拟现场施工碰撞检查平台，在这平台上完成仿真模式现场碰撞检查，并根据检测报告及修改意见对设计方案合理评估并做出设计优化决策，然后再次进行碰撞检测，如此循环，直至解决所有的硬碰撞、软碰撞。

显而易见，常见碰撞内容复杂、种类较多，且碰撞点很多，甚至高达上万个，如何对碰撞点进行有效标识与识别？这就需要采用轻量化模型技术，把各专业三维模型数据以直观的模式，存储于展示模型中。模型碰撞信息采用“碰撞点”和“标识签”进行有序标识，通过结构树形式的“标识签”可直接定位到碰撞位置。

碰撞检测完毕后，在计算机上以该命名规则出具碰撞检查报告，方便快速读出碰撞点的具体位置与碰撞信息。

在读取并定位碰撞点后，为了更加快速地给出针对碰撞检测中出现的“软”“硬”碰撞点的解决方案，可以将碰撞问题划分为以下几类。

① 重大问题，需要业主协调各方共同解决。

② 由设计方解决的问题。

③ 由施工现场解决的问题。

④ 因未定因素（如设备）而遗留的问题。

⑤ 因需求变化而带来新的问题。

针对由设计方解决的问题，可以通过多次召集各专业主要骨干参加三维可视化协调会议的办法，把复杂的问题简单化，同时将责任明确到个人，从而顺利地完成管线综合设计、优化设计，得到业主的认可。针对其他问题，则可以通过三维模型截图、漫游文件等协助业主解决。另外，管线优化设计应遵循以下原则。

① 在非管线穿梁、碰柱、穿吊顶等必要情况下，尽量不要改动。

② 只需调整管线安装方向即可避免的碰撞，属于软碰撞，可以不修改，以减少设计人员的工作量。

③ 需满足建筑业主要求，对没有碰撞但不满足净高要求的空间，也需要进行优化设计。

④ 管线优化设计时，应预留安装、检修空间。

⑤ 管线避让原则如下：有压管避让无压管；小管线避让大管线；施工简单管避让施工复杂管；冷水管道避让热水管道；附件少的管道避让附件多的管道；临时管道避让永久管道。

（三）大体积混凝土测温

使用自动化监测管理软件进行大体积混凝土温度的监测，将测温数据无线传输汇总到自动分析平台上，通过对各个测温点的分析，形成动态监测管理。电子传感器按照测温点布置要求，自动将温度变化情况输出到计算机，形成温度变化曲线图，随时可以远程动态监测基础大体积混凝土的温度变化，根据温度变化情况，随时加强养护措施，确保大体积混凝土的施工质量，确保在工程基础筏板混凝土浇筑后不出现由于温度变化剧烈引起的温度裂缝。利用基于 BIM 的温度数据分析平台对大体积混凝土进行实时温度监测。

（四）施工工序中管理

工序质量控制就是对工序活动条件，即工序活动投入的质量、工序活动效果的质量及分项工程质量的控制。在利用 BIM 技术进行工序质量控制时应着重于以下几方面的工作。

① 利用 BIM 技术能够更好地确定工序质量控制工作计划。一方面要求对不同的工序活动制定专门的保证质量的技术措施，做出物料投入及活动顺序的专门规定；另一方面要规定质量控制工作流程、质量检验制度。

② 利用 BIM 技术主动控制工序活动条件的质量。工序活动条件主要指

影响质量的五大因素，即人、材料、机械设备、方法和环境。

③ 能够及时检验工序活动效果的质量。主要是实行班组自检、互检、上下道工序交互检，特别是对隐蔽工程和分项（部）工程的质量检验。

④ 利用BIM技术设置工序质量控制点（工序管理点），实行重点控制。工序质量控制点是针对影像质量的关键部位或薄弱环节确定的重点控制对象。正确设置控制点并严格实施是进行工序质量控制的重点。

第七节　物料管理分析

一、物料管理概念

传统材料管理模式就是企业或项目部根据施工现场实际情况制定相应的材料管理制度和流程，这个流程主要是依靠施工现场的材料员、保管员及施工员来完成。施工现场的固定性和庞大性，决定了施工现场材料管理具有周期长、种类繁多、保管方式复杂及特殊性的特点。传统材料管理存在核算不准确、材料申报审核不严格、变更签证手续办理不及时等问题，造成大量材料现场积压、占用大量资金、停工待料、工程成本上涨。

二、BIM技术物料管理具体应用

基于BIM的物料管理，通过建立安装材料BIM模型数据库，使项目部各岗位人员对不同部门都可以进行数据的查询和分析，为项目部材料管理和决策提供数据支撑。例如，项目部拿到机电安装各专业施工蓝图后，由BIM项目经理组织各专业机电BIM工程师进行三维建模，并将各专业模型组合到一起，形成安装材料的BIM模型数据库。该数据库是以创建的BIM机电模

型和全过程造价数据为基础，把原来分散在安装各专业人员手中的工程信息模型汇总到一起，形成一个汇总的项目级基础数据库。

（一）安装材料分类控制

材料的合理分类是材料管理的一项重要基础工作，安装材料 BIM 模型数据库的最大优势是包含材料的全部属性信息。在进行数据建模时，各专业建模人员对施工所使用的各种材料属性，按其需用量的大小、占用资金多少及重要程度进行“星级”分类，星级越高代表该材料需用量越大、占用资金越多。

（二）用料交底

BIM 与传统 CAD 相比，具有可视化的显著特点。设备、电气、管道、通风空调等安装专业三维建模并碰撞后，BIM 项目经理组织各专业 BIM 项目工程师进行综合优化，提前消除施工过程中各专业可能遇到的碰撞问题。项目核算员、材料员、施工员等管理人员应熟读施工图纸、透彻理解 BIM 三维模型、吃透设计思想，并按施工规范要求向施工班组进行技术交底，将 BIM 模型中用料意图灌输给班组，用 BIM 三维图、CAD 图纸和表格下料单等书面形式做好用料交底，防止班组“长料短用、整料零用”，做到物尽其用，减少浪费，把材料消耗降到最低限度。

（三）物资材料管理

施工现场材料的浪费、积压等现象司空见惯，安装材料的精细化管理一直是项目管理的难题。运用 BIM 模型，结合施工程序及工程形象进度周密安排材料采购计划，不仅能保证工期与施工的连续性，而且能用好用活流动资金、降低库存、减少材料二次搬运。同时，材料员根据工程实际进度，提取施工各阶段材料用量，在下达施工任务书中，附上完成该项施工任务的限额领料单，作为发料部门的控制依据。实行对各班组限额发料，防止错发、多发、漏发，从源头上做到材料的有的放矢，减少施工班组对材料的浪费。

（四）材料变更清单

工程设计变更和增加签证在项目施工中会经常发生。项目经理部在接收工程变更通知书执行前，应有因变更造成材料积压的处理意见，原则上要由业主收购，否则，如果处理不当就会造成材料积压，无端地增加材料成本。BIM模型在动态维护工程中，可以及时地将变更图纸进行三维建模，将变更发生的材料、人工等费用准确、及时地计算出来，便于办理变更签证手续，保证工程变更签证的有效性。

第八节　成本管理分析

一、成本管理的概念

建筑工程包括立项、勘察、设计、施工、验收、运维等多个阶段的内容，广义的施工阶段，即包含施工准备阶段和施工实施阶段。建筑工程成本是指以建筑工程作为成本核算对象的施工过程中所耗费的生产资料转移价值和劳动者的必要劳动所创造的价值的货币形式，也就是某一建筑工程项目在施工中所发生的全部费用的总和。成本管理即企业生产经营过程中各项成本核算、成本分析、成本决策和成本控制等一系列科学管理行为的总称。

成本管理一般包括成本预测、成本决策、成本计划、成本核算、成本控制、成本分析、成本考核等内容。成本管理的步骤：工程资源计划的编制、工程成本估算、工程成本预算计划的编制、工程成本预测与偏差控制。工程项目施工阶段的成本控制是成本管理的一部分。控制是指主体对客体在目标

完成上的一种能动作用，使客体能按照预定计划达成目标的过程。而施工项目的成本控制则是指在建立成本目标以后，对项目的成本支出进行严格的监督和控制，并及时发现偏差、纠正偏差的过程。

成本管理要求企业根据一定时期预先建立的成本管理目标，由成本控制主体在其职权范围内在生产耗费发生前和成本控制过程中，对各种影响成本的因素和条件采取的一系列调节措施，以保证成本管理目标实现的管理行为。

成本管理关乎低碳、环保、绿色建筑、自然生态、社会责任、福利等。众所周知，有些自然资源是不可再生的，所以成本控制不仅是财务意义上实现利润最大化，终极目标是单位建筑面积自然资源消耗最少。施工消耗大量的钢材、木材和水泥，最终必然会造成对大自然的过度索取。只有成本管理做得较好的企业才有可能有相对的比较优势，成本管理不力的企业必将被市场所淘汰。成本管理也不是片面地压缩成本，有些成本是不可缩减的，有些标准是不能降低的。特别强调的是，任何缩减的成本不能影响到建筑结构安全，也不能减弱社会责任。我们所谓的“成本管理”就是通过技术经济和信息化手段，优化设计、优化组合、优化管理，把无谓的浪费降至最低。成本管理是永恒的主题。

二、我国建筑工程成本控制管理现状

成本管理的过程是运用系统工程的原理对企业在生产经营过程中发生的各种耗费进行计算、调节和监督的过程，也是一个发现薄弱环节，挖掘内部潜力，寻找一切可能降低成本途径的方法。科学地组织实施成本控制，可以促进企业改善经营管理，转变经营机制，全面提高企业素质，使企业在市场竞争的环境下生存、发展和壮大。然而，工程成本控制一直是项目管理中的重点及难点。

① 数据量大。每一个施工阶段都牵涉大量材料、机械、工种、消耗和各种财务费用，人、材、机和资金消耗都要统计清楚，数据量巨大。面对如此

巨大的工作量，随着工程进展，应付进度工作自顾不暇，过程成本分析、优化管理就只能搁在一边。

② 牵涉部门和岗位众多。实际成本核算，传统情况下需要预算、材料、仓库、施工、财务多部门多岗位协同分析汇总数据，才能汇总出完整的某时点实际成本。某个或某几个部门不实行，整个工程成本汇总就难以做出。

③ 对应分解困难。材料、人工、机械甚至一笔款项往往用于多个成本项目，拆分分解对专业的要求相当高，难度也非常高。

④ 消耗量和资金支付情况复杂。对于材料而言，部分进库之后并未付款，部分付款之后并未进库，还有出库之后未使用完及使用了但并未出库等情况；对于人工而言，部分干活但并未付款，部分已付款并未干活，还有干完活仍未确定工价；机械周转材料租赁和专业分包也有类似情况。情况如此复杂，成本项目和数据归集在没有一个强大的平台支撑情况下，不漏项做好三个维度（时间、空间、工序）的对应很困难。

近年中国经济在政府投资的拉动下急速发展，建筑业也随之腾飞，产生了 260 余家特级资质企业，年收入达到百亿元以上。但是普遍来说管理存在做大但未做强的情况，企业盈利能力很低下，项目管理模式落后，风险控制和抵御能力差。施工企业长期通过关系竞争和压价来获取项目，导致企业内部核心竞争力的建设没有得到重视，这也造成了施工企业工程管理能力不强。而目前建设项目在成本控制不足上主要表现在以下几个方面。

（一）过程控制被轻视

传统的施工成本控制非常重视事后的成本核算，注重事后与业主方和分包商的讨价还价。对成本影响较大的事中和事前控制常常被忽略。管理人员在事前没有一个明确的控制目标，也对事中发生的情况无法进行科学全面的统计，导致对事中发生情况无法全面了解。事前控制主要体现在决策阶段，决策阶段是对整个成本影响最大的阶段，除去几家比较大的业主方会在设计时十分强调限额设计，并严格执行以外，大部分的设计方案都是匆匆赶工出

来，质量得不到保证，针对目前中国建筑业这种短时间无法改变的现状，事中控制的重要性更体现出来了，而这也是往往施工企业忽视的地方。

（二）预算方法落后

目前大部分的工程量、造价计算的方式还是手算，不仅计算效率低下而且计算数据不易保存，各项统计相当于又进行一次计算。手工计算往往会导致数据的丢失，如果丢失了，要么重新计算一遍，要么就只能拍脑袋估摸着定一个，这种情况也是导致预算数据不准的原因。并且在这种手算的情况中，实时数据的获取十分困难，只能每个里程碑事件进行一次成本计算，甚至有的项目只有预算和结算两项数据。当整个项目完成后一看结算才发现项目已经严重超支了，造成成本失控。这进一步造成了过程管控的困难。

（三）技术落后，返工严重

由于技术原因，目前施工过程存在大量的返工问题，其中包括施工技术不合格、设计院图纸有遗漏未发现、不同专业各自为政、不沟通等。大量问题导致工程项目返工严重。返工不仅带来了材料、人工、进度损失，更可能留下安全隐患，带来质量成本的增加，这同样给成本控制带来了困难，无形中造成了大量的成本流失。

（四）质量成本和工期成本的增加

由于人工费的增加和对工期的要求越来越严格，在发生返工或者抢工期的施工情况时，成本的增加会大大超过正常施工情况。

三、BIM 技术成本管理优势

施工阶段成本控制的主要内容为材料控制、人工控制、机械控制及分包工程控制。成本控制的主要方法有净值分析法、线性回归法、指数平滑法、净值分析法、灰色预测法。在施工过程中最常用的是净值分析法。而后面基于 BIM 的成本控制的方法也是挣值法。净值分析法是一种分析目标成本及进度与目标期望之间差异的方法，是一种通过差值比较差异的方法。它的独特之处在于对项目分析十分准确，能够对项目施工情况进行有效的控制。通过收集并计算预计完成工作的预算费用、已完成工作的预算费用、已完成工作的实际费用，分析成本是否超支、进度是否滞后。

基于 BIM 技术的成本控制具有快速、准确、分析能力强等很多优势，具体表现为以下几方面。

（一）快速

建立基于 BIM 的 5D 实际成本数据库，汇总分析能力大大加强，速度快，周期成本分析不再困难，工作量小、效率高。

（二）准确

成本数据动态维护，准确性大为提升，通过总量统计的方法，消除累积误差，成本数据随进度推进准确度越来越高；数据精度达到构件级，可以快速提供支撑项目各条线管理所需的数据信息，有效提升施工管理效率。

（三）精细

通过实际成本 BIM 模型，很容易检查出哪些项目还没有实际成本数据，监督各成本实时盘点，提供实际数据。

（四）分析能力强

可以多维度（时间、空间、WBS）汇总分析更多种类、更多统计分析条件的成本报表，直观地确定不同时间点的资金需求，模拟并优化资金筹措和使用分配，实现投资资金财务收益最大化。

（五）提升企业成本控制能力

将实际成本 BIM 模型通过互联网集中在企业总部服务器，企业总部成本部门、财务部门就可共享每个工程项目的实际成本数据，实现了总部与项目部的信息对称。

四、基于 BIM 技术的成本管理具体应用

如何提升成本控制能力？动态控制是项目管理中一个常见的管理方法，动态控制其实就是按照一定的时间间隔将计划值和实际值进行对比，然后采取纠偏措施。而进行对比的这个过程中是需要大量的数据做支撑的，动态控制是否做得好，数据是关键，如何及时而准确地获得数据，并如何凭借简单的操作就能进行数据对比呢？现在 BIM 技术可以高效地解决这个问题。基于 BIM 技术，建立成本的 5D（3D 实体、时间、工序）关系数据库，以各 WBS 单位工程量、人机料单价为主要数据进入成本 BIM 中，能够快速实行多维度（时间、空间、WBS）的成本分析，从而对项目成本进行动态控制。其解决方案操作方法如下。

第一，创建基于 BIM 的实际成本数据库。建立成本的 5D（3D 实体、时间、工序）关系数据库，让实际成本数据及时进入 5D 关系数据库，即可快速得到成本汇总、统计、拆分对应。以各 WBS 单位工程人才机单价为主要数据计入到实际成本 BIM 中。未有合同确定单价的按预算价先计入，有实际成本数据后，及时按实际数据替换掉。

第二，实际成本数据及时计入数据库。初始实际成本 BIM 中成本数据以采取合同价和企耗量为依据。随着进度进展，实际消耗量与定额消耗量会有差异，要及时调整。及时对实际消耗进行盘点，调整实际成本数据，化整为零，动态维护实际成本 BIM，并有利于保证数据准确性。

第三，快速实行多维度（时间、空间、WBS）成本分析，建立实际成本

BIM 模型，周期性（月、季）按时调整维护好该模型，统计分析工作就很轻松，软件强大的统计分析能力可满足各种成本分析需求。

下面将对 BIM 技术在工程项目成本控制中的应用进行介绍。

（一）快速精确的成本核算

BIM 是一个强大的工程信息数据库。进行 BIM 建模所完成的模型包含二维图纸中所有的信息，如位置、长度，并包含了二维图纸中不包含的材料等信息，而这背后是强大的数据库支撑。因此，计算机通过识别模型中的不同构件及模型的几何物理信息，如时间维度、空间维度等，对各种构件的数量进行汇总统计。这种基于 BIM 的算量方法，将算量工作大幅度简化，减少了人为原因造成的计算错误，大量节约了人的工作量和时间。有研究表明，工程量计算的时间在整个造价计算过程占到了 50%～80%，而运用 BIM 算量方法会节约将近 90%的时间，而误差也控制在 1%以内。

（二）预算工程量动态查询与统计

工程预算存在定额计价和清单计价两种模式。自《建设工程工程量清单计价规范》发布以来，建设工程招投标过程中清单计价方法成为主流。在清单计价模式下，预算项目往往基于建筑构件进行资源的组织和计价，与建筑构件存在良好对应关系，满足 BIM 信息模型的三维数字技术为基础的特征，故而应用 BIM 技术进行预算工程量统计具有很大优势。使用 BIM 模型来取代图纸，直接生成所需材料的名称、数量和尺寸等信息，而且这些信息将始终与设计保持一致，在设计出现变更时，该变更将自动反映到所有相关的材料明细表中，造价工程师使用的所有构件信息也会随之变化。

在基本信息模型的基础上增加工程预算信息，即形成了具有资源和成本信息的预算信息模型。预算信息模型包括建筑构件的清单项目类型、工程量清单、人力、材料、机械定额和费率等。通过模型，就能识别模型中的工程量，如体积、面积、长度等，自动计算建筑构件的使用以指导实际材料物资

的采购。

系统根据计划进度和实际进度信息，可以动态计算任意 WBS 节点任意时间段内每日计划工程量、计划工程量累计、每日实际工程量、实际工程量累计，帮助施工管理者实时掌握工程量的计划完工和实际完工情况。在分期结算过程中，每期实际工程量累计数据是结算的重要参考，系统动态计算实际工程量可以为施工阶段工程款结算提供数据支持。

另外，从 BIM 预算模型中提取相应部位的理论工程量，从进度模型中提取现场实际的人工、材料、机械工程量，通过将模型工程量、实际消耗、合同工程量进行短周期三量对比分析，能够及时掌握项目进展，快速发现并解决问题。根据分析结果为施工企业制定精确人、机、材计划，大大减少了资源、物流和仓储环节的浪费，及时掌握成本分布情况，进行动态成本管理。

（三）限额领料与进度款支付管理

限额领料制度一直很健全，但实际却难以实现，数据无依据，采购计划由采购员决定，项目经理只能凭感觉签字。领料数量无依据，用量上限无法控制是限额领料制度主要存在的问题。那么如何对材料的计划用量与实际用量进行分析对比是一个亟待解决的问题。

BIM 的出现为限额领料提供了技术和数据支撑。基于 BIM 软件，在管理多专业和多系统数据时，能够采用系统分类和构件类型等方式对整个项目数据进行管理，为视图显示和材料统计提供规则。例如，给排水、电气、暖通专业可以根据设备的型号、外观及各种参数分别显示设备，计算材料用量。传统模式下工程进度款申请和支付结算工作较为烦琐，基于 BIM 能够快速准确地统计出各类构件的数量，减少预算的工作量，且能形象、快速地完成工程量拆分和重新汇总，为工程进度款结算工作提供技术支持。

（四）以施工预算控制人力资源和物质资源的消耗

在施工开工以前，利用 BIM 软件进行模型的建立，通过模型计算工程量，并按照企业定额或上级统一规定的施工预算，结合BIM模型，编制整个工程项目的施工预算，作为指导和管理施工的依据。对生产班组的任务安排，必须签收施工任务单和限额领料单，并向生产班组进行技术交底。要求生产班组根据实际完成的工程量、实耗人工和实耗材料做好原始记录，作为施工任务单和限额领料单结算的依据。任务完成后，根据回收的施工任务单和限额领料单进行结算，并按照结算内容支付报酬（包括奖金）。为了便于任务完成后进行施工任务单和限额领料单与施工预算的对比，要求在编制施工预算时对每一个分项工程工序名称进行编号，以便对号检索对比，分析节超。

（五）设计优化与变更成本管理、造价信息实时追踪

BIM模型依靠强大的工程信息数据库，实现了二维施工图与材料、造价等各模块的有效整合与关联变动，使得实际变更和材料价格变动可以在BIM模型中实时更新。环节变更所消耗的时间被缩短，效率提高，更加及时准确地将数据提交给工程各参与方，以便各方做出有效的应对和调整。目前BIM的建造模拟职能已经发展到了5D维度。5D模型集三维建筑模型、施工组织方案、成本及造价等三部分于一体，能实现对成本费用的实时模拟和核算，并为后续建设阶段的管理工作所利用，解决了阶段割裂和专业割裂的问题。BIM通过信息化的终端和BIM数据后台将整个工程的造价相关信息顺畅地流通起来，从企业级的管理人员到每个数据的提供者都可以监测，保证了各种信息数据及时准确的调用、查询、核对。

第九节　绿色施工管理分析

我国在2007年颁布实施了《绿色施工导则》，指出绿色施工是在传统的施工中贯彻“四节一环保”的新型施工理念，充分体现了绿色施工的可持续发展思想。然而我国绿色施工研究起步较晚，发展不成熟，尤其是经济效果

不明显，阻碍了建筑工程绿色施工的发展，因此有必要从根本上对建筑工程绿色施工的成本分析及控制进行研究，在满足绿色施工要求的前提下尽可能节约成本，提高施工企业绿色施工的积极性。

可持续性发展战略的推行体现在建筑工程行业施工建设的全过程当中，当前企业主要重视工程建设项目的决策投资与设计规划阶段的可持续新技术的使用，例如，最近几年讨论比较频繁的绿色建筑、环保设计、生态城市与绿色建材等。而建设工程的施工过程不仅是其设计、策划的实施阶段，更是一个大范围的消耗自然资源、影响自然生态环境的过程。建筑的全生命周期应当包括前期的规划、设计，建筑原材料的获取，建筑材料的制造、运输和安装，建筑系统的建造、运行、维护，以及最后的拆除等全过程。所以，要在建筑的全生命周期内实行绿色理念，不仅要在规划设计阶段应用 BIM 技术，还要在节地、节水、节材、节能及施工管理、运营维护管理方面深入应用 BIM，不断推进整体行业向绿色方向行进。

一、绿色施工的概念

绿色施工是指在建筑工程的建造过程中，质量合格与安全性能达标要求前提下，通过科学合理地组织并利用进步技术，很大程度地节省能源和降低施工过程对环境的负面影响，实现“四节一环保”。绿色施工核心也是最大限度地节约资源的施工活动，绿色施工的地位是实现建筑领域资源节约的关键环节，绿色施工是以节能、节地、节水、节材和爱护环境为目标的。绿色施工是建筑物在整个生命周期内比较重要的一个阶段，也是实现建筑工程节约能源资源和减少废弃物排放的一个较为关键的环节。推行绿色施工，在执行与贯彻政府产业和协会中相关的技能经济策略时，要根据具体情况因时制宜的原则来操控实施。绿色施工是可持续的发展观念在整个建筑工程施工过程中的全面应用和体现，它关乎可持续性发展的方方面面，如自然环境和生态状况的保护、能源和资源的有效利用、经济与地区的发展等，包含着不同的含义。而绿色施工技术的目标本来就是节约能源和资源，保护环境与土地等方面，其本身就具有非常重要的现实和实践意义。在施工过程中争取做到不扰民众、不产生吵闹、不污染当地环境，这是绿色施工的主要要求，同时还要强化工地施工的管理、保证正常生产、标准化与文明化的作业，保证建设场地的环境，尽可能减少工地施工过程给当地群众带来的不利影响，保护周边场地的环境卫生。

二、绿色施工遵循的原则及影响因素

绿色施工牵涉诸如削减固化性生产、循环使用资源的多重利用净洁生产、爱护环境等许多能够持续性进步的方面。正因如此，在具体实行绿色施工的过程中要遵照一定的标准，如降低对环境的污染、减少对现场的扰动、保证工程的建设质量、节约能源和资源、运用科学的管理方法等。贯彻遵行国家、行业与地方企事业单位的标准和相关政策方案，施行绿色施工的过程中，还需要注意因地制宜的原则。绿色施工是可持续理念在建造工程中的全面体现，不仅指做到封闭施工、减少尘土，不扰民、不产生噪声，多种花木与绿化这些内容更是对生态环境的保护、能源和资源利用及地方社会经济风情的各方面权衡。在推行绿色施工过程中只要能够遵循好上述几大原则，一定会取得期望的目标成果。

一般来讲，建筑工程绿色施工成本控制的影响因素比制造业产品成本控制的影响因素更多、更复杂。首先，建筑工程绿色施工成本受到劳动力价格、材料价格和通货膨胀率等宏观经济的影响；其次，受到设计参数、业主的诚信等工程自身条件的影响；再次，受到绿色施工方法、工程质量监管力度等成本管理组织的影响；最后，还受到施工天气、施工所处的环境和意外事故等不确定因素的影响。绿色施工成本的影响因素如此之多，正确把握施工成本的影响因素对成本控制具有指导性意义。对绿色施工进行成本控制时，找出可控与不可控因素，重点针对可控因素进行控制管理。

（一）可控因素

在影响建筑工程绿色施工成本的可控因素中，第一，人的因素，因为人是工程项目建设的主体，建筑施工企业自身的管理水平及内部操作人员对绿色施工的认识程度是影响建筑工程绿色施工成本的主要可控因素。包括所有参加工程项目施工的工作人员，如工程技术人员、施工人员等。人员自身认识及能力有限，不容易真正做到绿色施工，甚至为日后总成本的核算留下隐患。第二，设计阶段的因素，设计水平影响着绿色材料的选择，绿色施工材料价格的差异对成本也会产生较大影响。第三，施工技术是核心影响因素，特别是建筑工程的绿色施工，需要编制很多有针对性的专项施工方案，合理的施工组织设计的编制能够有效降低成本。第四，安全文明施工也是一个重要的但是容易被忽视的影响因素，往往只流于形式，而安全事故的发生会直接导致巨大的经济损失，安全保障措施的好坏对施工人员的工作效率有重要影响，从而间接影响着施工成本。第五，资金的使用也是影响施工成本的关键因素，流畅的资金周转是降低总成本的有效方法，资金的投入要恰到好处。总之，需要关注每一个影响因素，任何变动都可能会引起连锁反应。

（二）不可控因素

对建筑工程绿色施工来说，最主要的不可控因素包括宏观经济政策和施工合同的变更。国家相关税率的调整、市场上绿色施工材料价格的变动等都会直接或间接影响施工成本；工程设计变更、施工方法变化、工程量的调整等施工特点决定了施工合同变更的客观性，带来施工成本的变化。另外还有一些其他因素，如意外事故、突发特大暴雨等也会导致工期的延误，导致成本增加。不可控因素具有不可预测性，但是利用科学方法和实践经验相结合的手段对不可控因素进行识别与处理，也能预测不可控因素可能导致的种种结果，积极预设应对方案，可有效降低不可控因素对成本影响。

三、我国绿色施工当前存在的问题

从当前建筑工程施工的实际情况来看，大多数绿色施工只是参照了一些与清洁生产相关的法规要求实施，建筑施工单位通常是为了应付政府的监督而采取一些表面措施，不能自主、积极地采取措施进行真正的绿色施工。从成本角度分析，绿色施工与传统施工主要在目标控制上存在差异，绿色施工除了质量、工期、安全和成本控制的目标之外，还要把“环境保护和资源利用目标”作为主要控制标准。因为控制目标的增加，施工企业成本往往也会随之增加，而且，与环境保护相关的工作要求越多、越严格，施工项目部所面临的赤字压力就会越大，我国处于发展中时期，无论是从公众认知、经济力量还是技术层面，都无法很好地保障绿色施工的推广实施，主要体现在以下几点。

（一）意识问题

目前绿色施工未完全普及，建筑工程项目参与各方对绿色施工的认识程度不够，绝大多数人不能充分理解绿色施工的理念，不能将绿色施工很好地融入建设项目中。对施工单位来说，经济效益是首要目的，而绿色施工往往意味着成本的增加，因此施工单位不会主动去采用绿色施工；对公众而言，不能自觉建立起保护环境和生态资源的参与意识；对政府来说，由于条件有限，还不能把建筑节能和绿色施工放到日常的监督和管理过程中。

（二）国家政策问题

我国虽然颁布了一系列的政策力求推进绿色施工的发展，但是还不完善，没有一套完整的政策体系，包括社会政策、技术政策及经济政策等，不仅使绿色施工管理的难度加大，部分建筑企业甚至钻法律的空子，扰乱建设市场

的秩序。另外，绿色施工涉及的范围较广泛，但是没有明确的相关负责机构和管理部门，使得政策的实施缺乏有力保障。

（三）缺乏完善的理论体系

绿色施工本身就缺乏专门的理论体系，目前，我国虽然颁布了《绿色施工导则》，对绿色施工有一定的引导性，但是一套完善的理论体系必须包括评估体系，我国的绿色奥运评估体系及《绿色建筑评价标准》，都是针对建筑而言，对施工过程还没有建立完整的评价体系，使得建筑工程绿色施工的推广较为艰辛。

（四）支撑技术不完善

绿色施工涉及各个方面，从施工管理、施工工艺到施工材料都需要强有力的保障体系，因此需要各行各业积极投入研究，无论对施工人员还是管理者而言，都需要加强自身的知识能力，以便在施工过程中选择最佳方案来达到“四节一环保”的效果。与此同时，材料行业需要积极研发高效环保的建筑材料，当绿色建筑材料大量普及应用的时候，绿色施工才能达到全面发展时期。

（五）经济效益问题

从市场经济的角度来观察，追求经济效益最大化的建筑工程承包商通常不会考虑对环境的破坏问题，只会以最少的成本实现最大化的利润值，而绿色施工往往和增加成本相联系，因此承包商不会主动采取绿色施工，在国家推行过程中，甚至会抵触。同样的道理，当前我国仍为发展中国家，与可持续发展相关的清洁生产、节能环保新措施，都因为成本的增加而不能普及应用，可见经济效益是最为严重的一个阻碍因素。

综上所述，我国的绿色施工发展还不理想，建设行业参与者的环保、节能意识亟需提升；支撑绿色施工有效开展的相关法规政策亟需推出；独立完整的绿色施工评价体系亟需建立；与先进国家的交流合作亟需展开。最重要的是，目前需要采取有效的措施来提高绿色施工的经济效益，才能从根本上为绿色施工的推广提供有力保障。

四、基于 BIM 技术的绿色施工管理

下面将介绍以绿色为目的、以 BIM 技术为手段的施工阶段节地、节水、节材、节能管理。

（一）节地与室外环境

节地不仅是施工用地的合理利用，建设计前期的场地分析、运营管理中的空间管理也同样包含在内。BIM 在施工节地中的主要应用内容有场地分析、土方量计算、施工用地管理及空间建设用地管理等。

1. 场地分析

场地分析是研究影响建筑物定位的主要因素，是确定建筑物的空间方位和外观、建立建筑物与周围景观联系的过程。BIM 结合地理信息系统（GIS），对现场及拟建的建筑物空间数据进行建模分析，结合场地使用条件和特点，做出最理想的现场规划、交通流线组织关系。利用计算机可分出不同坡度的分布及场地坡向，建设地域发生自然灾害的可能性，区分适宜建设与不宜建设区域，对前期场地设计可起到至关重要的作用。

2. 土方量计算

利用场地合并模型，在三维中直观查看场地挖填方情况，对比原始地形图与规划地形图得出各区块原始平均高程、设计高程、平均开挖高程。然后计算出各区块挖、填土方量。

3. 施工用地管理

建筑施工是一个高度动态的过程，随着建筑工程规模的不断扩大，复杂程度的不断提高，使得施工项目管理变得极为复杂。施工用地、材料加工区、

堆场也随着工程进度的变换而调整。BIM 的 4D 施工模拟技术可以在项目建造过程中合理制定施工计划、精确掌握施工进度，优化使用施工资源，科学地进行场地布置。

（二）节水与水资源利用

在施工过程中，水的用量是巨大的，混凝土的浇筑、搅拌、养护都要用到大量的水，机器的清洗也需要用水。一些施工单位由于在施工过程中没有计划，肆意用水，往往造成水资源的大量浪费，不仅浪费了资源，也会因此受到处罚。所以，在施工中节约用水是势在必行的。

BIM 技术在节水方面的应用体现在协助土方量的计算，模拟土地沉降、场地排水设计，以及分析建筑的消防作业面。设计规划每层排水地漏位置、雨水等非传统水源收集、水资源循环利用。

利用 BIM 技术，可以对施工过程中用水进行模拟，如处于基坑降水阶段、肥槽未回填时，采用地下水作为混凝土养护用水。使用地下水作为喷洒现场降尘和混凝土罐车冲洗用水。也可以模拟施工现场情况，根据施工现场情况，编制详细的施工现场临时用水方案，使施工现场供水管网根据用水量设计布置，采用合理的管径、简捷的管路，有效地减少管网和用水器具的漏损。例如，在工程施工阶段基于 BIM 技术对现场雨水收集系统进行模拟，根据 BIM 场地模型，合理设置排水沟，将场地分区进行放坡硬化，避免场内积水，并最大化收集雨水，存于积水坑内，供洗车系统等循环使用。

（三）节材与材料资源利用

基于 BIM 技术，重点从钢材、混凝土、木材、模板、围护材料、装饰装修材料及生活办公用品材料七个主要方面进行施工节材与材料资源利用控制。通过 5D-BIM 促进材料采购的合理化、建筑垃圾减量化、可循环材料的多次利用化，实现钢筋配料、钢构件下料及安装工程的预留、预埋，管线路

径的优化等措施；同时根据设计的要求，结合施工模拟，达到节约材料的目的。BIM 在施工节材中的主要应用内容有管线综合设计、复杂工程预拼装、物料跟踪等。

1. 管线综合

目前功能复杂、体量大的建筑、摩天大楼等机电管网错综复杂，在大量的设计面前很容易出现管网交错、相撞及施工不合理等问题，以往人工检查图纸的方法比较单一，不能同时检测平面和剖面的位置。BIM 软件中的管网检测功能为工程师解决这个问题。检测功能可生成管网三维模型，并基于建筑模型中。系统可自动检查出“碰撞”部位并标注，这样使得大量的检查工作变得简单。空间净高是与管线综合相关的一部分检测工作，基于 BIM 信息模型对建筑内不同功能区域的设计高度进行分析，查找不符合设计规划的缺失，将情况反馈给施工人员，以此提高工作效率，避免错、漏、碰、缺的出现，减少原材料的浪费。

2. 复杂工程预加工预拼装

复杂的建筑形体如曲面幕墙及复杂钢结构的安装是难点，尤其是复杂曲面幕墙，由于组成筋墙的每一块玻璃面板形状都有差异，给幕墙的安装带来一定困难。BIM 技术最拿手的是复杂形体设计及建造应用，可针对复杂形体进行数据整合和验证，使得多维曲面的设计得以实现。工程师可利用计算机对复杂的建筑形体进行拆分，拆分后利用三维信息模型进行解析，在电脑中进行预拼装，分成网格块编号，进行模块设计，然后送至工厂按模块加工，再送到现场拼装即可。同时数字模型也可提供大量建筑信息，包括曲面面积统计、经济形体设计及成本估算等。

3. 基于物联网物资追溯管理

随着建筑行业标准化、工厂化、数字化水平的提升，以及建筑使用设备复杂性的提高，越来越多的建筑及设备构件通过工厂加工并运送到施工现场进行高效的组装。根据 BIM 得出的进度计划，提前计算出合理的物料进场数目。

（四）节能与能源利用

以 BIM 技术推进绿色施工，节约能源，降低资源消耗和浪费，减少污染是建筑发展的方向和目的。节能在绿色环保方面具体有两种体现。一是帮助建筑形成资源的循环使用，包括水能循环、风能流动、自然光能的照射，科学地根据不同功能、朝向和位置选择最适合的构造形式。二是实现建筑自身的减排，构建时，以信息化手段减少工程建设周期，运营时，不仅能够满足使用需求，还能保证最低的资源消耗。

在方案论证阶段，项目投资方可以使用 BIM 来评估设计方案的布局、视野、照明、安全、人体工程学、声学、纹理、色彩及规范的执行情况。BIM 甚至可以做到建筑局部的细节推敲，迅速分析设计和施工中可能需要应对的问题，BIM 包含建筑几何形体的很多专业信息，其中也包括许多用于执行生态设计分析的信息，能够很好地将建筑设计和生态设计紧密联系在一起，设计将不单单是体量、材质、颜色等，也是动态的、有机的。相关软件提供了许多即时性分析功能，如光照、日光阴影、太阳辐射、遮阳、热舒适度、可视度分析等，而得到的分析结果往往是实时的、可视化的，很适合建筑师在设计前期把握建筑的各项性能。

建筑系统分析是对照业主使用需求及设计规定来衡量建筑物性能的过程，包括机械系统如何操作和建筑物能耗分析、内外部气流模拟、照明分析、人流分析等涉及建筑物性能的评估。BIM 结合专业的建筑物系统分析软件避免了重复建立模型和采集系统参数。通过 BIM 可以验证建筑物是否按照特定的设计规定和可持续标准建造，通过这些分析模拟，最终确定、修改系统参数甚至系统改造计划，以提高整个建筑的性能。

（五）减排措施

利用 BIM 技术可以对施工场地废弃物的排放、放置进行模拟，以达到减排的目的，具体方法如下。

① 用 BIM 模型编制专项方案，对工地的废水、废气、废渣的三废排放进行识别、评价和控制，安排专人、专项经费，制定专项措施，减少工地现场的三废排放。

② 根据 BIM 模型对施工区域的施工废水设置沉淀池，进行沉淀处理后重复使用或合规排放，对泥浆及其他不能简单处理的废水集中交由专业单位处理。在生活区设置隔油池、化粪池，对生活区的废水进行收集和清理。

③ 禁止在施工现场焚烧垃圾，使用密目式安全网、定期浇水等措施减少施工现场的扬尘。

④ 利用 BIM 模型合理安排噪声源的放置位置及使用时间，采用有效的噪声防护措施，减少噪声排放，并满足施工场界环境噪声排放标准的限制要求。

⑤ 生活区垃圾按照有机、无机分类收集，与垃圾站签定合同，按时收集垃圾。

第七章

BIM 在数字化建筑设计中的应用

第一节　数字媒介与数字建筑

一、从传统媒介到数字媒介

（一）设计媒介与建筑

1. 媒介与媒体

媒介和媒体常指表达、传递信息的方法与手段，在不同的学科领域具有不同的内涵和界定。为方便大家认识和理解，首先要区别一下媒介和媒体这两个常用概念。

在传播学领域，媒介一般是指电视、广播、报纸杂志、网络等人类传播活动所采用的介质技术体系，此概念常用来从宏观方面讨论与技术形式有关的传播学问题。一般而言，常认为媒介的发展经历了四个主要阶段：语言媒介、文字媒介、印刷媒介和电子媒介。而媒体则是专指电视台、广播台、报社、杂志社、网站等以一定技术体系为基础的传播机构或组织形式。

在计算机应用领域，媒介一般是指磁盘、光盘、数据线、监视器等这些直接用来存储、传输、显示信息的一系列介质材料或设备，常指数字媒介而

媒体则是指以计算机软硬件为基础产生出来的电脑图形、文字、声音、数据等较具体的信息表现形式，常称数字媒体。

综合以上不同领域的主要界定分类，一般说来，媒介泛指某种物理介质及相应的技术形式，其功能是承载和传播信息；而媒体则专指那些与媒介直接有关的内容和不同类型的具体承载形式。随着电脑、网络等数字化技术的发展，当前的数字媒介成为电子媒介之后新的媒介类型，而数字媒体也可以说是在计算机技术发展下产生出来的新媒体类型。

2. 建筑设计中的媒介系统

建筑，作为“石头的史书”，往往承载着其所处时代的社会、技术等多方面的信息。建筑的发展演变过程，从某种意义上说，也可以看作其作为信息载体意义上的演进变化。虽然随着媒介技术的更新交替，印刷、电子媒介的信息承载、传播功能大大超过了建筑本身；但与此同时，不同阶段和种类的信息媒介，作为设计媒介在建筑的设计生成过程中与建筑发生的互动作用，也越来越受到专业设计人员的重视。

通过设计媒介的使用，建筑师可以发现问题、认识问题、思考问题、产生形式、交流结果。在设计过程中，设计媒介是思考和解决问题的工具和“窗口”，使用设计媒介的不同也影响到建筑师的作品。

参照媒介的主要发展阶段和相关分类，在建筑创作的过程中，包括传统意义上的设计媒介，如建筑专业术语、图纸上的专业图形和实体模型等；还包括当前方兴未艾的以一系列计算机软硬件系统为代表的数字设计媒介。前者在建筑设计与建造的历史中源远流长，发展沿用至今，统称为建筑设计中的传统媒介；建筑数字媒介则泛指当前应用于建筑设计中的诸多数字技术方法与手段。

不同媒介在信息传达的能力、清晰性和便捷性，以及表现维度等方面存在程度不同的差异。不同的建筑设计媒介在从设计到建造的过程中均发挥着不同的作用，也影响着设计的过程和最终结果。以下主要就当前主要的设计媒介——传统设计媒介和数字设计媒介，进行具体的对比讨论。

（二）传统设计媒介及其特点

1. 传统设计媒介的分类与组成

传统建筑设计媒介通常包括专业术语文字、图形图纸和实体模型。

自古以来，那些口口相传，继而以语言文字为载体的专业术语可能是历史最为悠久的设计交流与表达手段。一方面，语言文字媒介对建筑形制和构件进行了“模式化”和“标准化”，形成一套高度集成的“信息模块”。在西方是以柱式等模块为基础的砖石体系，在中国则是以斗口为基础的木构体系为代表。另一方面，由于其自身固有条件的制约，语言文字本身具有模糊性、冗余性和离散性等特征，它对其再现对象进行了极大的概括、提炼和简化。

建筑图形媒介通常以图纸等二维平面材料为载体。通过平面图、立面图、剖面图、轴测和透视图等形式进行设计内容的表达和交流。如某套二维图纸系统大量运用以欧几里得几何为主要基础的投影几何图示语言。由于尺规等绘图工具等手段的限制，其生成的建筑形态也多以理性主义的横平竖直为主，强调的是韵律、节奏、比例和均衡等美学法则。比起建筑语言文字媒介高度精练概括的模块范式，它所承载的设计信息更加直观、丰富，也更为精确。在这种系统下出现的设计图与施工图，其实是一套隐含着许多生产知识的图示符号。这种建筑专业图示符号已使用了数百年。

建筑模型媒介通常以纸板、木材、塑料、金属甚至复合材料等多种原料为载体，按照一定的比例关系，以三维实体形式供建筑师在设计过程中对设计对象进行分析、推敲和相对直观地展现。它常常和图形媒介相互结合。相对于图纸上不同抽象程度的二维图示，实体模型往往更为具象。虽然实体模型媒介的直观便利在设计过程中所发挥的辅助作用仍然不可或缺，但它仍然受到来自尺度、规模和材料制作细节等诸多方面的限制。

2. 传统设计媒介的应用与特点

传统设计媒介的运用通常在建筑设计阶段。设计初期，快捷便利的草图勾画，简略模型的推敲，使建筑师能够快速建立对于设计对象的整体把握，

并通过图示、语言等方式的交流，与建筑业主、甲方及相关专业进行初步的沟通。但是，随着设计的不断深入和细化，传统设计媒介在表现和传达专业建筑信息方面的成本迅速提高，各类图纸的绘制修改、精细模型的制作，往往需要耗费设计者的大量时间和精力。同时，也由于二维图纸、实体模型等传统媒介本身在表现方式、材料工具等方面所固有的限制，使得建筑专业信息被割裂固化为各自为政的不同方面，这使得各类图纸模型之间的设计信息往往难于直接关联，完全需要人工对照和复核，以致成本高昂，效率效益低下。

虽然传统媒介有其自身优势，但如前所述，由于图形绘制工具、模型加工和制作的设备材料特性，及其表现方式的固有属性，也存在着种种局限，如信息容量的有限性和简单化、信息传递的复杂性和间接性，以及交流过程中由于编解码标准的模糊性而带来的不同程度的信息损耗等。

它们对设计对象的表达和分析都只能针对不同的处理对象和阶段性任务的需要，从某一个或几个角度进行各自独立的信息传达，描述建筑对象某一些方面的属性特征内容。而且，这些不同角度和阶段的内容，又往往充满中间环节，每个环节各自独立。从构思草图到设计施工图，从透视表现到三维实体模型，出于不同的需要，设计环节的种种分割甚至影响着建筑师们的设计思维。

（三）数字设计媒介及其特点

1. 数字设计媒介的分类与组成

当代数字化技术的突飞猛进，为建筑师提供了日新月异的数字设计方法和手段。此类新型的信息媒介也提供了建筑设计的新媒介——数字设计媒介。它涉及许多具体的数字媒体类型，以及建筑设计的不同阶段所涉及的具有代表性软硬件系统。

按照具体的媒体格式划分，数字媒体包括计算机图形图像的格式、音频视频的种类、数字信息模型和多媒体的具体构成等。例如，传统图示在数字

媒介中有其对等物——点阵像素构成的位图图像，以数学方式描述的精确的矢量图形等；实体模型在虚拟世界中也有其替代品——各类线框模型、面模型，乃至具备各种物理属性的实体信息模型等；当然更有传统媒介难以想象的集成了可运算专业数据的综合信息模型，以及内含多种音频、视频信息的多媒体数字文档，由多种超级链接的数据合成的交互式网络共享信息和虚拟现实模型等。

按照设计应用阶段的不同划分，数字媒介包括建筑设计的信息收集与处理、方案的生成与表达、分析与评估，以及设计建造过程的协同、集成和管理等不同方面不同数字媒介的具体软硬件系统。除了各具特色，不断升级换代的个人电脑、网络设备和相关数字加工制造设备等硬件系统，和建筑设计过程直接相关的各类辅助设计软件程序更是林林总总。目前用于方案概念生成、编程运算、脚本编制的工具，有基于 Java 语言的 Processing、Grasshopper，以及嵌入 MEL 语言的 Maya 等；适用于传统早期方案构思与推敲的有 Sketch Up；通用的绘图、建模、渲染表现程序有 Auto CAD、TArch（天正建筑）、3D Stuelio Max 等；建筑分析与评估软件有 Ecotect Analysis 等各类建筑日照、声、光、热分析程序；建筑信息集成管理平台有 Buzzsaw、Project Wise 等；当然还有以综合建筑信息模型为核心的 Revit Architecture、Bentley Architecture、Archi CAD 等，以及用于建筑虚拟现实、多媒体、网络协同、专家系统等方面的数字技术应用、开发技术和工具系统。

2. 数字设计媒介的应用与特点

从林林总总的各类电脑辅助绘图程序到真正意义上的辅助设计软件，从不断更新换代的个人电脑到不断蔓延扩展无孔不入的网络系统，从各种以计算机数控技术（CNC）为基础的建筑材料构件加工生产制造设备到现场装配施工的组织系统，数字设计媒介的组成所包含的相关软硬件系统，拓展甚至改变着建筑师们的设计手段和方法。数字媒介一方面改善增强着传统媒介的表现内容，另一方面正越来越多地扩充着传统媒介所难以承载的专业信息内容。

20 世纪中后期，计算机辅助绘图系统逐步完全取代了正式建筑图纸的传统手绘方式。近期，随着建筑信息模型等新兴数字技术和方法的提出和推广，建筑设计中的数字媒介已经给建筑设计媒介，及其相关的设计方法和过程，带来质的改变。与此同时，数字媒介强大的编程计算和空间造型能力，也在不断拓展着建筑空间新的形式生成和美学概念。

除了比传统媒介更为精确直观、丰富多样的视觉表现方式，数字媒介还将设计过程的研究分析拓展到三向空间维度之外的范畴，如建筑声、光、热、电各方面的专业仿真模拟，建筑设计各方的网络协作，建筑材料构件制造加工和现场建造的信息集成等。

正因为如此，以建筑信息模型为代表的不断成熟的数字设计媒介有可能从本质上改变传统设计媒介长久以来的不足。数字媒介以其信息上的广泛性和复杂性，传输上的便捷性和可扩散性，编解码标准的统一性和信息交流的准确性等，具备了传统媒介所无法比拟的优势。

从理论上讲，这种包含几乎所有各类专业信息的一体化建筑信息媒介，不仅极大地提高了设计活动的精确性和效率，而且可以让包括建筑师在内的相关专业人员在设计初始就建立统一的设计信息文件，在一个完备的设计信息系统中开展各自的设计工作，满足从设计到建造，甚至建筑运营管理等各个阶段的不同需要。它既可以在构思阶段以更为灵活的交互方式表现和研究前所未有的灵活的空间形式；也可以在设计分析与评价阶段通过不同专业的无缝链接和横向合作修改完善建筑方案的各类问题，生成所需的传统图纸文件；还可以通过高度集成的信息系统完成加工建造阶段的统计、调配和管理。

（四）传统设计媒介与数字设计媒介的特点比较

数字设计媒介与传统设计媒介虽然有一定的相似之处，但是，由于数字媒体所采用的特殊介质系统，使这种新的设计媒介在信息处理的方式、工具性能、操作方法等诸多方面，都表现出与传统设计媒介迥异的特性。那么，

数字设计媒介系统到底有何特殊性呢？为方便说明，在分述了各自的特点之后，具体比较一下这两类设计媒介系统的特点。

1. 传统媒介

对于图形图纸和实物模型这两种传统设计媒介而言，其介质系统有以下共同的特点。

简单和直接性：通过简单、直接地利用介质材料原始的视觉属性实现，所有介质的材料都同时兼具了存储和显示信息这两项基本的功能，信息的显示状态直接反映存储状态。

固定和一次性：介质材料都是以组合、固化的方式来产生可长期保存的“视觉化”的媒体信息，固化后的介质材料不易修改，更不可将其分解并重新用来表示其他的信息。

独立性：介质材料固化后便直接成为可独立使用的媒体，而不再依赖于操作媒体的工具或系统。

2. 数字设计媒介

与图纸和实物模型两种传统设计媒介相比较，数字设计媒介的介质系统则有以下特点。

复杂性和间接性：数字媒介的功能是依赖于电能的驱动及基于复杂的电磁原理的计算机系统来实现的，人对于数字媒介所有操控都只能通过计算机系统的输入设备（如鼠标）间接地完成。数字媒介信息（或数据）并不能像图纸媒介那样，能直接从保存它的介质（如硬盘、U 盘）上呈现并为人所感知，而只有当这些信息或数据“流经”到另一种介质设备——监视器之后，才会被人识别。

功能的多样性、灵活性：数字媒介的介质系统是由一些在物理和功能上独立、在系统上又彼此依赖的多种介质（设备）构成的。包括：存储介质（如硬盘、U 盘）、传输介质（如总线、网线）、计算和控制介质（如 CPU）、显示介质（监视器、投影仪）四大类型。这种复杂介质系统不仅使数字媒介具有存储和显示信息这两项基本功能，还具有可自动计算、识别和传输数据等

功能。

信息的可流动性、共享性：数字媒介系统的可自动计算、识别和传输数据功能，决定了不同的信息或数据之间能够通过系统自动地建立起关联，而且这些信息或数据在介质系统中的存储地址都不会是永久固定的，数据可以在不同的介质之间传输、转移、复制或者删除。这些特性使得数字媒体信息以及介质设备资源皆可能得到最大程度的共享。

系统与能源的依赖性：数字媒介系统，是一种依赖于计算机系统整体以及电能源驱动的系统，缺少了其中任何一个环节，其介质系统中的任何介质材料（设备）都不可能单独发挥出各自的功能作用。

二、数字建筑

数字建筑，指利用BIM和云计算、大数据、物联网、移动互联网、人工智能等信息技术引领产业转型升级的业务战略，它结合先进的精益建造理论方法，集成人员、流程、数据、技术和业务系统，实现建筑的全过程、全要素、全参与方的数字化、在线化及智能化，从而构建项目、企业和产业的平台生态新体系。

（一）数字建筑的定义

数字建筑是数字技术驱动的行业业务战略，这个过程不止关注技术和数据，同时集成了人员、业务系统、数据，以及从规划设计到施工、运维全生命周期的业务流程，包括全过程、全要素和全参与方的数字化。

（二）数字建筑的内涵

数字建筑，是虚实映射的“数字孪生”，是驱动建筑产业的全过程、全要素、全参与方的升级的行业战略，是为产业链上下游各方赋能的建筑产业互联网平台，也是实现建筑产业多方共赢、协同发展的生态系统。

1. 数字建筑是虚实映射的“数字孪生”

数字建筑将是虚实结合的“数字孪生”，通过基于“人、事、物”的 HCPS（信息物理系统）的泛在链接和实时在线，让全过程、全要素、全参与方都以“数字孪生”的形态出现，形成虚实映射与实时交互的融合机制。

数字建筑作为“数字孪生”，无论是建筑产品、工艺流程、生产要素、管理过程、各方主体都将以“数字孪生”的形态出现，最终交付的也是两个建筑：实体建筑和虚体建筑。

2. 数字建筑是行业业务战略

数字建筑不仅是信息技术和系统，而是与生产过程深度融合的新的生产力，它必将驱动建筑产业的全过程、全要素、全参与方的升级，建立全新的生产关系。

新的项目生产要素产生，数字经济时代，大数据和云算法成为新的资源和生产要素，并且近乎零的边际成本。

新的项目生产过程产生，实体建造与虚拟建造相互融合，通过 BIM 等各类数字化，在线化和智能化技术的整体应用，将生产对象和各类生产要素通过各类终端进行链接和实时在线，并对项目全过程加以优化。

新的生产关系产生，数字建筑孪生让各参与方与产业链上下游合作伙伴，产生新的链接界面、节点及协作关系，工作交互方式、交易、生产、建造等不再局限于物理空间与时间，更多的连接界面和节点使得新的生产关系和产业生态圈形成。

3. 数字建筑是建筑产业互联网平台

数字建筑可以更好地为产业赋能，并且相互协同进化，形成群体智能。

4. 数字建筑是开放、共享的生态系统

数字建筑通过平台化方式实现“垂直整合、横向融合”，联通直接产业，形成共聚的产业生态圈。

（三）数字建筑的特征

数字化、在线化、智能化是“数字建筑”的三大典型特征。其中数字化是基础，围绕建筑本体实现全过程、全要素、全参与方的数字化结构的过程。在线化是关键，通过泛在连接、实时在线、数据驱动，实现虚实有效融合的数字孪生的链接与交互。智能化是核心，通过全面感知、深度认知、智能交互，基于数据和算法逻辑无限扩展，实现以虚控实，虚实结合进行决策与执行的智能化革命。

（四）数字建筑的价值

数字建筑作为建筑产业转型升级的引擎，其对建筑业的影响必然是链的渗透与融合，通过数字建筑驱动建筑产品升级，产业变革与创新发展。

通过数字建筑打造的全新数字化生产线，让项目全生命周期的每个阶段都发生新的改变，未来的全过程中将在实体建筑建造之前，衍生纯数字化虚拟建造的过程，在实体建造阶段和运维的阶段将会是虚实融合的过程。

新设计：即全数字化样品阶段。也就是在实体项目建设开工之前，集成各参与方与生产要素，通过全数字化打样，消除各种工程风险，实现设计方案、施工组织方案和运维方案的优化，以及全生命周期的成本优化，保障大规模定制生产和施工建造的可实施性。

新建造：即工业化建造。通过数字建筑实现现场工业化和工厂工业化，工序工法标准化。

新运维：即智慧化运维。通过数字建筑把建筑升级为可感知、可分析、自动控制，乃至自适应的智慧化系统和生命体。

第二节　建筑数字技术对建筑设计的影响

一、数字技术对建筑设计思维模式的影响

长期以来，建筑空间的设计与表达均以图示信息作为主要媒介，它在建筑方案的构思形成、分析及专业表达过程中，起着重要而不可替代的作用。而用以承载种种专业图示信息的技术手段和工具，往往成为设计思维的重要影响因素。不同的技术发展水平带来的设计工具，也常常影响甚至决定了不同的设计思维模式。

建筑设计的思维模式，同样受到不同设计媒介所使用的具体技术手段的制约和影响。从由来已久的以纸笔为主要工具的二维图示手段，到当前日渐推广的数字技术辅助下的设计媒介，建筑设计的思维模式也受到相应的影响，进行着相应的转变。

传统的图示思维方式作为借助草图勾画、模型制作搭建、图纸生成与修改等一系列环节中贯穿始终的专业思维模式，使得建筑设计的内容对象和专业设计信息紧密联系。计算机辅助数字技术在建筑设计过程中的推广和应用，不可避免地影响了空间图示的方式方法，也同样改变着专业思维方式，但它究竟是如何改变的呢？这一点在很大程度上是以思维模式本身在数字化时代所具有的特征及其可能发生的转变为基础的。所以需要回溯思维本身在数字化时代的变化。

（一）设计思维的演化与分类

人类思维结构和模式的发展，随着社会的演变、科学技术的进步，历经历史长河，逐步形成各种现代思维体系。从原始的拟人化思维结构，到古典

哲学中混沌整体的自发性辩证思维；从近代三大科学发现（能量守恒与转化定理、细胞学说、进化论），到“旧三论”（系统论、信息论、控制论）到“新三论”（耗散结构理论、突变论、协同论），及至当代信息数字技术的全面发展，人类的思维模式也不断发生着质的飞跃。

与其复杂的演变过程相对照，思维活动以其分类标准的不同，也有着众多不同的类型模式。按照思维探索方向的不同，可分为聚合思维与扩散思维；按照思维结构的方式方法，又可分为抽象（逻辑）思维、形象（直觉）思维和灵感（顿悟）思维等。

思维的主体也从以个人为主，到以个人与集体、团体协作为主；以人脑为主，到以人脑—计算机相互配合，发生着重大变化。现代辩证思维一方面仍然将归纳与演绎、分析与综合、逻辑与历史相统一，以及比较、概括、抽象作为自己的基本方法；另一方面又在现代科技的飞跃中发展出系统思维、模型方法、黑箱方法等一系列新的思维方式。

视觉形象的处理历来与思维密切相关，并对思维过程具有重要的影响。视觉形式是创造性思维的主要媒介。视觉思维概念的提出，使我们认识到视觉形象和观察活动不仅是“感知”的过程，它帮助我们在设计和创作过程中充分利用视觉优势和观看的思维性功能。视觉交流的作用在人类生活中日益增强。而图示思维就是一种创造性视觉思维。在纷繁复杂的人类思维结构体系中，它既有作为思维活动的普遍性规律，又有自身独特的专业特点。

（二）传统建筑设计中的图示思维及其局限

从某种意义上说，建筑的视觉形式和空间形态，既可作为建筑设计意愿的起点，也往往成为设计追求的最终目标之一。建筑设计的思维过程，也是以视觉思维为主导的多种思维方法综合运用的过程。这一活动，往往是建筑师运用包括草图在内的视觉形式，与自己或他人进行思考交流的过程中进行的。建筑设计过程，自始至终贯穿着思维活动与图示表达同步进行的方式。建筑师通过图示思维方法，将设计概念转化为图示信息，并通过视觉交流反

复推敲验证，从而发展设计。

传统的图示思维设计模式，通常凭借手绘草图、实体模型和二维图纸（平、立、剖面图，透视、轴测图等）实现设计内容的交流与表达。从某种意义上讲，图示思维模式，也正是这些传统的媒介工具，及其承载的图示信息所产生的一种必然结果。

这些经过千百年发展演变而来的图示媒介系统和方法及其支持下的设计思维模式，有其自身独特的语言体系和特征。

保罗·拉索在其关于图示思维的著作《图解思考》一书中，将图解语言的语法归纳为气泡图、网络和矩阵三种类型。图解语言的语汇从理论上讲并无一定之规，从本体、相互关系及修辞等方面可以排列出大量简洁、实用的符号体系，同时也可从数学、系统分析、工程和制图学科借鉴许多实用的符号。每个建筑师都可以根据具体情况及自己的喜好，发展出一套有效的图解方式。

但是不可否认，传统的图示思维方式也存在一些局限。例如，由于缺乏经验或技巧，使萌芽状态的新设想夭折；虚饰、美化某个设计思想；遮掩设计理念中应该显露的不足；甚至错误地将图示形象理解为二维平面空间的对等物，而非三维（多维）空间的二维表达与分析等。这些局限，在一定程度上，也源于传统图示思维及其工具本身所固有的缺憾——人工绘制的专业图示和符号在精确性和灵活性上的欠缺、不同图纸之间过多的对照转换环节带来的效率低下，常常在抽象的设计图示与具体现实的设计内容之间产生疏漏和差异。

（三）从图示思维到“数字化思维”

新的数字技术的大量应用改变了建筑师的工作方式，也将直接影响到专业思维模式。传统的图示思维模式借助徒手草图将思维活动形象地描述出来，并通过纸面上的二维视觉形象反复验证，以达到刺激方案的生成与发展的目的。以计算机辅助设计为代表的诸多数字专业技术则有可能将这一过程转换

到虚拟的三维数字化世界中进行，暂且用“数字化思维”这个词来描述这一状况。

在将一个想法概念化时，某些媒体的特性允许它迅速反馈到单个设计者的想法中。传统设计思维过程中，它们常常是“餐巾纸上的速写”和建筑师的粘土模型。这些“直觉”的媒介能在设计者和媒体之间构成了一个严密的反馈回路，就好像在它们所表达的概念那里媒体成为透明的了。其中的关键就在于直接性和迅速反馈的能力。

在其技术发展的早期阶段，数字技术常常只是被用来对已经发展完备的概念进行精确的描绘、提炼和归档。如今，数字技术使我们拥有诸如更为灵活直观的交互界面和实时链接的信息模型等实质性进步之后，数字设计媒介也同样提供了一个足够迅速的反馈回路。数字技术条件下的思维方式终于有可能挑战传统的图示思维方式。

众所周知，数字媒介提供了精确性、高效性、集成化和智能化等优点。数字技术介入传统的空间图示方法，除了使建筑师抽象思维的表现更为直观和接近现实之外，其更重要的潜质在于可以突破由于表现方法的局限而形成的习惯性设计戒律，从而真正使建筑师在技术上有可能发现诗意的造型追求，使建筑空间的构思能有雕塑般的自由和随意。与此同时，它更提供了设计思维与方法更新的可能性——整体集成的建筑数字信息模型，以及以此为基础的设计过程的动态参与及广泛的横向合作等。这种新型多维化的设计思维模式，长期以来一直被绘图桌上的丁字尺和三角板所扼制。

现代主义建筑理论针对古典形式主义的弊端，曾经提出“形式服从功能”这样的口号，以“由内而外”的设计模式替代片面追求形式塑造的“由外而内”的单项线性思维模式，在纳入社会、环境、技术等因素的同时，将建筑设计视为一个“从内到外”和“从外到内”双向运作的过程。这些从单向到双向的设计思维模式，在数字技术的支持下——如更大范围的信息共享、一体化的专业信息模型、多方位的网络协作等——将有可能克服传统图示思维的局限，向着更为多元、多维的设计思维模式转换。

二、数字技术对建筑设计过程的影响

（一）传统建筑设计的方法过程及主要特点

建筑设计的构思发展过程通常包括分析、综合、评价等典型的创造性阶段。以图示信息为主的传统设计方式针对不同设计阶段、不同对象，存在着不同程度的抽象化。它们分别对应于不同的设计阶段，具有各自的特点。

设计初期，人们往往要对设计文件（如任务书、设计合同）进行读解，也就是基本信息的输入，并对其进行分类、定义、判断等，以便从中筛选出重要、关键的信息，以此找到解决方案的突破口。这一阶段的设计图示往往抽象性较强，有着更多的不定性，形式也多为非特定形状的二维分析图，如气泡图，以避免对解决设计问题的实质形式有任何过早的主观臆断。

在利用图示信息进行设计创作的准备及酝酿阶段，信息经过充分的收集、分类、整理之后，逐渐趋于饱和。逻辑清晰的具象思维会和相对模糊的抽象思维相互作用。设计者利用图示中的开敞式形象对各路信息进行综合处理，经过不同的形象组合与取舍调整，使各种“信息板块”达到最佳和谐，最后形成一个紧凑的整体，建立起一个完整的“视知觉逻辑结构”。这一过程可能持续反复，直至设计问题得到满意的解决，初步的设计概念被迅速以图示方式记录在案，以便进一步予以验证。

随着方案的逐渐明朗化，表达也逐渐趋于清晰。同时为了不断对想法进行验证和推敲，具有更为严谨精确的尺寸要素的二维视图，如平、立、剖面图；更为形象生动的透视图、轴测图；更为直观、易于操作的实体模型，也较多地出现在建筑师的设计过程中。

传统图示设计在检验与评价中的实用性则在于把设计意图从抽象形象转化为较完善、具体的形象。一方面它使方案设计中的抽象概念图解变成更为具体和实在的图像，特别是空间的形象，如从特定方位“观察”到的建筑空间透视草图等。从这个意义上来说，方案最终的表现效果图也可算作一个检验与评价的环节。不论何种类型的图示，它对设计中提出的构思不同形象的草图技术的要求也就根据抽象或具体、松弛或谨慎的不同而有所变化。另一方面，利用图解语言中的网络和矩阵等语法，还可以用量化的概念对设计予以检验和评价。这一点似乎又与行为建筑学中运用理论和量化方法从个人、集体、决策部门等各方面对建筑设计进行的详尽理性的评价体系颇为类似。同时，即使在方案提交之后，建筑设计的过程仍未结束。房屋建成之后，人们（尤其是使用者）的信息反馈常常被忽视，当那些信息被以图解的方式记录在案之后，也可以直接或间接地影响到建筑师的下一次创作。

遗憾的是，传统设计方法由于以“图纸”为代表的二维媒介的限制，只能将三维设计对象表征于二维之中进行。平、立、剖面，乃至轴测、透视这些专业图示语言深深影响着设计的过程方法与表达方式。而如果应用了建筑信息模型（BIM）技术，在三维的环境下确定好设计方案，再从三维模型生成平立剖图，将大大节省修改成本。从构思阶段的手绘草图到后期的施工图纸，历经不同设计阶段，这一进程通常沿着一条严格的线性路径单向运行。这套步骤分明的过程和按部就班的方法，使得其中任何环节的修改反复都困难重重——因为不同环节的设计工作都是相对割裂、各自为政的，信息的搜集和使用、图纸的编绘整理、相关专业的配合反馈等，常常因此耗费设计过程中的大量时间和精力。

（二）数字技术对建筑设计方法与过程的影响

凭借当前强大的数字建模技术、通用集成模型、网络协作等手段，数字技术为建筑师提供了新的起点。尽管纸张作为主要信息媒介之一的情况仍将延续相当长时间，但数字技术可以使设计真正回归三维空间和整体性的信息模型之中。也只有在这个层次上，数字技术才能真正做到辅助设计而非辅助表现。

就像计算机科技大量而迅速地改变人类日常生活一样，数字技术在建筑

设计上的发展也经历了相对短暂却令人叹为观止的变化并逐渐趋于成熟。

20 世纪 60 年代计算机在建筑领域还只是停留在对材料、结构、法规及物理环境数据的简单计算与分析，即所谓 P 策略（Power），注重解决“数”和“量”的问题。70 年代，电脑进入二维图纸绘制阶段。80 年代电脑已可建立相应的建筑模型并进行一定程度的环境模拟，早期的数字技术必须依靠其准确的坐标体系去做完美而清晰的接合，而抽象性和模糊性在设计初期创作者的创作思维过程中又是必不可少的。早期的三维动态设计更大程度上来说是对传统实物模型的替代。进入 90 年代，人们已不再满足于数字技术对传统媒介的直接取代，而将目标转向了全球网络资源共享及多媒体动态空间的演示乃至虚拟现实技术。这时，数字技术已采用了 K 策略（Knowledge），即着眼于人工智能的发展以达到辅助设计的目的。短短几十年中，数字技术在建筑设计中所扮演的角色不断改变。所有这些都依赖于构成电脑系统软、硬件的飞速发展。数字可视化技术也成为建筑师和开发商必不可少的工具。

数字技术在建筑设计中的应用，从早期的方案设计图及施工图的绘制到三维建模和影像处理，到动画和虚拟现实，再到建筑信息模型的建立，其强大潜力不是要削弱建筑师的创造性活动，其目的恰恰在于以数字技术的优越性把富有创造才能的建筑师真正从大量烦琐的重复性工作中解脱出来，以便使我们利用这些新技术更好地从事于建筑创作。

这一方向上走在最前面的先驱是盖里和艾森曼这样的建筑师。数字技术不仅被采纳到他们的设计过程中，而且戏剧性地改变了它。在他们那里，以电脑图示为表象的 CAD 技术踏入了设计的核心地带。他们虽然也用笔和纸勾画自己的原始构思，但出现在图示中的空间实体却已经真正摆脱了传统方式的束缚，并充分发挥着电脑图示中前所未有的造型能力。盖里作品的那些空间形式有些已很难用传统的平、立、剖面图加以表现了。项目小组只能手持数字化扫描仪对原始模型进行数据采样，扫描仪另一端所连接的电脑中生成的是拥有无痕曲线的匀质建筑。艾森曼则扬弃了早期作品中以语言学的深层结构作为其建筑的理论基础而转向数字虚拟空间中的生成设计。超级立方体

（卡内基梅隆大学研究中心）、DNA（法兰克福生物中心）、自相似性（哥伦布市市民中心）与垒叠（辛辛那提大学设计与艺术中心）等手法都在数字技术的辅助下得以实现。

由此可见，新兴的数字技术在许多方面正以不可阻挡之势改变着传统的设计方法和过程。

以 BIM 为核心的一系列相关行业设计程序系统，以建筑设计的标准化、集成化、三维化、智能化等为目标，为我们提供了更高的工作效率、更深的设计视野，以及前所未有的专业协调性和附加的设计功能，如环境分析、能源分析、结构分析，以及设计、建筑施工和运营等多方面多环节的科学计算、分析评估、组织管理等。

数字技术支持下的网络通信系统，则在消除空间距离障碍、扩大设计者之间交流的同时，带来了信息资源的极大共享。设计者在创作过程中所需要的大量专业和相关信息由于网络这一庞大共享资料库的建立得以几近无限的扩充。多媒体信息技术与网络通信技术还将为异地建筑师的协作及让建筑业主、建筑的使用者参与设计过程提供更为广泛的可能性。

建筑设计因此成为一个全生命周期的多元互动过程。如前所述，这个漫长的过程由于传统图示媒介的固有特点和种种限制，通常呈现为一种单向线性的方式。设计方法与过程的更新一方面保持着传统方式的延续与结合，另一方面又以虚拟的数字信息模型中新的设计方法发展着新的设计过程，开拓着新的设计领域。

三、数字技术对建筑设计与建造的影响

（一）传统设计与建造中的问题

长期以来，建筑设计与建造施工的关系在设计过程中往往没有得到应有的重视。建筑师在考虑设计过程与结果的时候，常常错误地认为建造只是设

计完成之后的工作。实际上，与设计紧密相关的建造环节，正是保证设计意图实现的重要阶段；从建筑材料结构的选择、制造加工，到施工现场的装配建造，更在事实上直接决定了建筑的最终质量。

过去很长一段时间里，建筑设计建造行业的生产效率和质量的提高也总是举步维艰，其原因有很多：各自为政的行业板块、设计与施工单位的割裂甚至对立、专业信息交流的混乱等。

离散的产业结构形式和按专业需求进行的弹性组合，使建设工程项目实施过程中产生的信息来自众多参与方，形成多个工程数据源。由于跨企业和跨专业的组织结构不同、管理模式各异、信息系统相互孤立、对工程建设不同专业理解不同、对相同的信息内容的表达形式不同等，导致大量分布式异构工程数据难以交流、无法共享，造成各参与方之间信息交互的种种困难，以致阻碍建筑业生产效率的提高。

不难看出，造成以上种种状况的重要因素之一，正是专业设计信息的生成和交流不便，这是传统设计媒介掣肘导致的结果。而数字技术，尤其是计算机辅助下的信息集成系统，有望给长久以来设计与建造之间存在的问题带来极大的改观。

（二）数字技术对建筑设计与建造关系的影响

无论是覆盖整个建筑全生命周期的建筑信息模型，还是建造施工阶段的土木工程信息模型，作为数字技术在建筑专业领域的典型应用和发展方向，都是试图通过建立高度集成的专业信息系统，统一专业信息交流的规范和标准，连通从设计到建造过程中不同阶段不同相关专业（结构、设备、施工等）之间的信息断层。

具体而言，数字化技术支持下的集成信息系统、强大的科学计算能力，对计算机集成制造系统的借鉴等新的方法和手段，将给我们带来建筑材料结构构件的柔性制造加工工艺、新型构造和结构体系、经过数字化仿真模拟精确计算的智能化设备控制，甚至现场施工过程的物流调配和虚拟建造。

当然，数字技术对设计之外的建造等阶段的有力支持，同样会反过来影响和改变设计过程。而建设工程生命周期管理等新理念的引入和实施，更使建筑师们对设计和建造的关注面向建设项目的整个生命周期，包括从规划、设计、施工、运营和维护，到拆除和重建的全过程，对信息、过程和资源进行协同管理，实现物资流、信息流、价值流的集成和优化运行，实现对能源利用、材料土地资源、环境保护等可持续发展方面的长远效益和整体利益的考虑。而材料、构造、施工等不同专业工种如果在方案阶段就提前参与协同设计，很多建筑师不了解或难以预料的相关专业问题都可以事先得到妥善解决。

（三）数字技术对设计与建造中建筑美学意义的影响

在数字技术的应用与影响下，建筑美学领域的变化显而易见，但复杂微妙，难以一概而论。传统审美中的形式法则，包括均衡、对称、韵律等，其适用范围已经悄然发生着变化。工业文明以来的机器美学直接来源于大工业生产的结果——简洁、实用、高效等形象特征。后工业时代以来审美意义的重构，在表现性心理机制方面更多地呈现为多元并置的状态——既有文艺复兴式的物体直觉，又有工业社会的抽象完形，更有无主导知觉方式的知觉把握——看似自由随意的多序混杂。

一方面，建筑作品在美学（哲学）意义层面的艺术（审美）含义，似乎已经超越了现实符号本身的意义。但在这一层面上，建筑意义常常是匮乏甚至缺失的。现实符号的所指被消解，取而代之的是观察者对建筑的一种整体把握。建筑设计中逻辑推理的线性思维方式被更为直观的感受所打破。建筑审美中的“纯洁性”被广泛接受的功利性和多元化目的（价值取向与评价维度的多元化）所取代。原本作为手段运用的技术、技巧等常常升华为创作表现的目的本身，技术和结构的表现直接走向前台。

而在更为具体的制造和建造领域，数字技术和信息媒介支持下的设计和建造，将为 20 世纪初现代建筑的机器美学带来新的延伸，是人们在工业生产

的高校中有可能重新找到新的个性美学。这种新的美学将在工业化前的手工自然和工业化的人工制造之间呈现出一种新方向。从功能主义的单一标准，到拉斯维加斯那令人眼花缭乱的霓虹灯和发光二极管幕墙；在充斥着不同符号和沟通渠道的信息单元中，美学表象从稳定走向了动荡，从匀质走向了非匀质，从实实在在的本体走向了飘忽不定的客体。

建筑意义的重构，也包含着观察方式和阐释模式的转换。它们早已不再是从表象的形式构图或简单的功能满足等方面寻求外向的处理，而是通过数字技术等手段的支持，以绿色生态、环保节能等诉求为前提，从文脉、场所、社会、生活等更为恒久的品质因素中找寻形式的几点。基于此，建筑不再追求单纯的形式愉悦，或是直白的意义承载；而是代之以没有明确意义的表现，重新成为建筑自身，一种多元化的信息载体。其功能和美学的意义来自设计者，更取决于观赏和体验者的诠释。

第三节　虚拟现实技术在建筑设计中的应用

虚拟现实技术作为一项以计算机技术为基础的高新技术，具有交互性、想象性和沉浸性的特点，强调人在虚拟现实中的主导作用。建筑设计是技术、艺术和创新相结合的领域，虚拟现实技术的出现为建筑设计开辟了新思路，将其应用于建筑设计能够打破传统表现模式。虚拟现实和计算机技术的结合，能够大大提高设计人员的工作效率和设计质量，缩短设计周期，减少投资成本。因此，虚拟现实技术应用于建筑设计具有重要的现实意义。

一、虚拟现实技术

虚拟现实（VR），最初由美国的 Jaron Lanier 于 20 世纪 80 年代提出，当时主要应用在宇航局和国防部。虚拟现实是一种可创建和体验虚拟世界的计

算机系统，它借助计算机技术及传感装置所创建的一种崭新的模拟环境。虚拟环境由计算机生成，通过视、听、触觉等作用于用户，使之产生身临其境感觉的交互式视景仿真。虚拟现实集成计算机图形学、图像处理、模式识别、多传感器、语音处理、网络等技术，具有交互性、想象性和沉浸性。交互性（Interaction）指在虚拟现实系统中以用户为主，用户能与虚拟场景中的对象相互作用，虚拟场景对于用户来说具有可操作性；想象性指虚拟现实系统并非真实系统，它反映了虚拟现实系统设计者的构想，虚拟现实可把这种构思变成看得见的虚拟物体和环境，使以往只能借助传统沙盘的设计模式提升到数字化的所看即所得的境界，提高了设计和规划的质量与效率；沉浸感则指虚拟现实技术通过计算机图形构成的三维数字虚拟环境真实感极强，使用户在视觉上产生沉浸于虚拟环境的感觉。据用户参与虚拟现实系统的形式及沉浸程度，虚拟现实系统可分为沉浸式、分布式、增强现实性和桌面虚拟式，其为建筑设计带来了全新的表现手段。

二、虚拟现实技术在建筑设计中的应用

建筑设计综合性极强，设计人员在运用自身思维进行设计的同时，还应考虑客户的整体感受，使建筑设计更具真实感。虚拟现实技术能够帮助设计人员更好地完成，主要原因即在于其能够通过计算机对现实进行模拟、创造和体现虚拟世界，降低劳动量，缩短设计周期，提高设计科学性和精确性。

（一）展示建筑物整体信息

现阶段的二维、三维表达方式，只能传递建筑物部分属性信息，且只能提供单一尺度的建筑物信息，而使用虚拟现实技术可展示一栋活生生的虚拟建筑物，并可以在里面漫游，体验身临其境之感。建筑设计不仅是设计者的事，住户、管理部门都可以起到辅助决策的作用，而虚拟现实技术在设计者和用户之间能起到一种沟通的桥梁作用。

（二）远距离浏览

设计者进行建筑设计，通常需要跟工程单位不断进行沟通交流，而虚拟现实作品可以通过 VRML 的方式发布到网络上去，工程单位可以通过互联网进行远距离浏览，将虚拟现实方式的建筑设计应用于互联网中，利用虚拟现实方式进行远程交流。常用的建模软件如 3ds Max，不仅支持 VRML 文件格式的输出，还可以在 VRML 中通过选择摄像机进行导航设置，在场景中指定活动控件和触发器等，大大丰富了实时浏览的内容。

（三）实时多方案比较

建筑设计时，往往会设计多种方案，并进行不同方案的对比分析，以选择最佳方案。采用虚拟现实设计，可将不同设计方案通过模型表达出来，并可随时切换，利于设计者观察某一点或某一部位的设计，更快地比较出不同方案的优缺点，从而为改进方案提供便利。在虚拟现实技术应用中，不仅能够比较不同方案的建筑设计特点，还可随时修改方案，并将修改后的方案与修改前作以对比，分析修改效果。因此，虚拟现实技术对建筑设计进行实时多方案比较，可较好的提高建筑设计的工作效率和设计质量。

（四）专用人机接口交互

人机接口是使用者与计算机沟通的桥梁，它是代表使用者意图的转换及计算机程序的执行，良好的人机接口可减少使用者对系统的学习时间和提高系统的效率。虚拟现实技术建筑设计中，必有特定的人机接口模式：使用者模式，使用者直接进入虚拟现实中进行观测与互动操作，以第一人称的观测方式进行虚拟现实的沉浸观察，隐藏的接口只在使用时才出现；代理者模式，即在虚拟现实中常因沉浸环境与现实环境的感性差距而造成空间迷失，以至于使用者无法掌握虚拟现实中的状态，以空间代理者的虚拟环境信息的提供，以第一人称和第二人称的观察方式进行虚拟环境观测；监控模式，使用者以第三人称的方式监控虚拟现实中的现实状态，并进行虚拟物的监视与控制，接口的产生与虚拟现实的种类并无绝对关系；浸入操作模式，将控制虚拟现实物的接口置于虚拟现实中，进行仿真式操作模拟，使用者以第一人称控制虚拟物。

（五）虚拟现实系统

虚拟现实系统主要有模型式和图像式。模型式虚拟现实以虚拟现实造型语言为主要描述语言，使建筑设计可用计算机进行三维建模，利用效果图、三维施工图与资料库，并利用虚拟现实技术联结资料库实时模拟操作。虚拟现实造型语言可用在万维网中定义与更多信息相关联的三维世界布局和内容，使之能够在交互的三维空间中容易地被表达。当虚拟现实造型语言浏览器启动后，它会将虚拟现实造型语言中的信息解释成虚拟现实造型语言空间中建筑物的几何形体描述，一旦空间被用户浏览器解释，它将提供实时显示，用户机器上将会出现一个活动的场景。

三、建筑声环境的模拟与分析

在建筑声环境控制中，经常需要对可能产生的结果进行预测。如进行一个观众厅的音质设计，希望了解工程完工后会有怎样的效果；再如临街住宅小区的规划设计，需要了解建成后环境噪声大小，以便采取相应的声学对策。采用计算机模拟分析是建筑声环境预测的手段之一，由于计算机的普及，模拟软件的不断完善，计算机模拟分析建筑声环境的费用相对较低，因此，计算机模拟分析手段得到了广泛的应用。

（一）建筑声环境计算机分析的原理与方法

室内声环境模拟技术主要有两大类：基于波动方程的数学计算方法和基于几何声学的数学模拟方法。由于基于波动方程的数值计算工作量巨大，给

实际应用带来困难。现阶段使用的模拟软件都基于几何声学原理，声波入射到建筑表面，除吸收和透射外，被反射的声能符合光学反射原理。基于几何声学的模拟技术包括声线跟踪法和虚声源法。

声线跟踪法是将声源发出的声波设想为由很多条声线组成，每条声线携带一定的声能，沿直线传播，遇到反射面按光学镜面反射原理反射。同时，由于吸收和透射，损失部分能量。计算机在对所有声线进行跟踪的基础上合成接收点的声场。声线跟踪法的模拟过程包括：确定声线的起始点即声源位置，沿着声线方向，确定声线方程，然后计算该声线与房间某个界面的交点，按反射原理确定反射声线方向，同时根据界面吸声系数及距离计算衰减量。再以反射点为新的起点，反射方向为新的传播方向继续前进，再次与界面相交，直到满足设定的条件而终止该声线的跟踪，转而跟踪下一条声线。在完成对所有声线跟踪的基础上，合成接收点处的声场。

虚声源法是将声波的反射现象用声源对反射面形成的虚声源等效，室内所有的反射声均由各相应虚声源发出。声源及所有虚声源发出的声波在接收点合成总的声场。虚声源法的模拟过程为：按照精度要求逐阶计算出房间各个介面对声源所形成的虚声源，然后连接从各虚声源到接收点的直线，从而得到各次反射声的历程、方向、强度和反射点的位置，同时考虑介面对声能的吸收，最终得到接收点处各次反射声强度的时间和方向分布。

声线跟踪法对于需要了解某个点的声学情况比较合适。对于一个几何形状很复杂的房间，采用声线跟踪法模拟，相对比较简单，计算速度快。虚声源法主要用于模拟与声压及声能有关的声场性质。一个计算机模拟软件常常同时采用两种方法，以提高模拟效率。为提高模拟精度，目前，大多数软件在模拟过程中考虑了界面扩散反射现象。

为使房间模型看起来漂亮，大多数模拟软件具备图像渲染功能。

（二）常用软件的分析比较

目前，比较著名的室内声学模拟软件有丹麦技术大学开发的 ODEON、德国ADA公司开发的EASE、比利时LMS公司开发的RAYNOISE、瑞典的CATT、德国的CAESAR，意大利的RAMSTETE等。影响较大的室外噪声评估方面的软件有CadnaA、EIAN、SoundPLAN、Lima等。这些软件在开发之初基本上是大学教师的学术研究，后来得到市场推广。ODEON主要用于房间建筑声学模拟，模拟结果比较符合实际。EASE优点在于扩声系统的声场模拟，其自带的音箱数据库十分丰富，国际知名品牌音箱数据基本都有，近年也收录了国内若干知名品牌音箱数据。EASE4.0还加入了可选建筑声学模拟模块、可听化模块等，使功能更加强大，其建筑声学模块以CAESAR为基础适当完善而成。RAYNOISE既用于建筑声学，也用于扩声系统的模拟。目前，国内使用的声学模拟软件主要为ODEON、EASE和RAYNOISE。CATT在欧洲被广泛使用。CadnaA主要用于计算、显示、评估及预测噪声影响和空气污染影响。

四、建筑光环境的模拟与分析

建筑光环境模拟是建立在计算机软件技术基础上的，借助于计算机软件技术可以完成手工计算时代不可想象的任务。随着时代的发展，传统的实体模型测量、公式计算和经验做法难以支持复杂和多元化的设计需要，而数字化的模拟软件正好可以弥补传统做法的不足。目前光环境模拟软件在包括设计、建造、维护和管理等各阶段的建筑全生命周期内，得到广泛应用。

（一）光环境模拟软件的分类

按照模拟对象及其状态的不同，光环境模拟软件大致可以分成静态、动态和综合能耗模拟三类。

1. 静态光环境模拟软件

静态光环境模拟软件可以模拟某一时间点上的自然采光和人工照明环境

的静态亮度图像和光学指标数据，如照度和采光系数等。静态光环境模拟软件是光环境模拟软件中的主流，比较常用的有 Desktop Radiance、Radiance，Ecotect Analysis、AGi32 和 Dialux 等。

2. 动态光环境模拟软件

动态光环境模拟软件可以根据全年气象数据动态计算工作平面的逐时自然采光照度，并在照度数据的基础上根据照明控制策略进一步计算全年的人工照明能耗。这类软件与静态软件的区别在于其综合考虑了全年 8760 个小时的动态变化，而静态软件只针对全年中的某一时刻，不过动态软件无法生成静态亮度图像。相对于集成在综合能耗模拟软件中的全年照明能耗模拟模块来说，独立的动态光环境模拟软件的灵活性更好，计算更精确。另外，动态光环境模拟软件还可以将计算结果输出到综合能耗模拟软件中进行协同模拟。

常用的动态光环境模拟软件只有 Daysim 一种，它也使用 Radiance 作为计算核心。

3. 综合能耗模拟软件

综合能耗模拟软件主要是用于能耗模拟和设备系统仿真，采光和照明能耗模拟只是其中的一个功能，它们可以根据全年的自然采光照度计算照明的热序列，并将以此数据作为输入量纳入全年能耗模拟中计算建筑的综合能耗。根据自然采光照度的计算方法，可以将综合能耗模拟软件分为两种：一种使用简单的几何关系粗略地计算房间照度，Energy Plus 和 DOE-2 等大部分能耗模拟软件均属于此类；另一种采用 Radiance 反向光线跟踪算法计算房间照度，如 IES＜VE＞即属于此类。需要说明的是，这两类软件通常每月只计算一天的照度，例如 IES＜VE＞的默认计算日为每月的 15 日。

相对于专门的动态光环境模拟软件来说，综合能耗模拟软件在光环境方面的计算精度要低一些，但 TRNSYS 和 Energy Plus 等能耗模拟软件均能导入 Daysim 输出的光环境数据，这可以在一定程度上克服计算精度的问题。综合能耗模拟软件可以同时对多个房间进行模拟，而动态光环境模拟软件目前还只能对单一的房间进行模拟。

三种软件分别针对不同的应用和需求，现在还没有一种软件能完全应对光环境模拟中所涉及的方方面面，在全面的光环境模拟中往往要将这三种软件结合起来应用。

（二）光环境模拟软件

静态光环境模拟软件主要是由用户界面、模型、材质、光源、光照模型和数据后处理六大模块构成的。对于动态光环境模拟软件和综合能耗模拟软件来说，在基础上增加了人员行为和照明控制模块及模拟人员的活动情况和采光照明设备的运行情况。

1. 用户界面

用户界面是软件与使用者的沟通渠道，清晰并有逻辑性的用户界面将为用户带来良好的体验。商业建筑光环境模拟软件大都是运行在 Windows 操作系统之上的，同时均采用流行的窗口按钮式的图形用户界面，相对来说其应用较为简单，容易上手。与此形成鲜明对比的是，免费建筑光环境模拟软件的用户界面易用性就要差得多，有些甚至根本就没有用户界面，完全依靠指令输入形式来控制软件的运行，对于熟练的使用者来说，这也许会提高使用效率，但对于大量的普通使用者来说，这是一道难以逾越的障碍。但免费软件一般都具有很强的扩展性和灵活性，并且大部分都是开放源代码的。而商业软件在扩展性和灵活性上就要差得多，它们只能完成程序编写者认为有用的任务。

2. 模型

模型是模拟执行的对象，由于大部分光环境模拟软件都采用了多边形网格来定义模型，因此这方面它们的差别不大。一般来说，光环境模拟软件的建模能力都不是很强，因此是否能支持更广泛的模型格式是大部分使用者关注的重点。大部分光环境模拟软件都可以支持 DXF 格式的模型，有些软件则在此基础上提供了对于 OBJ、LWO 和 STL 等格式的支持。

除几何模型格式外，少数光环境模拟软件还可以导入 gbXML（绿色建筑扩展标记语言）格式的模型。

3. 材质

材质定义了物体表面的光学性质。对于一般性的建筑材料而言，大部分光环境模拟软件都可以准确地定义。有些光环境模拟软件可以在此基础上提供对于更高级材质的支持。例如，Radiance 中就提供了双向反射分布函数的材质定义。在通常的模拟中，很少会用到高级材质，除非是对精度和写实度要求非常高的情况。

4. 光源

光源定义了场景中的发光物体。除简单的规则光源类型外，所有的光环境模拟软件都可以通过导入标准格式的配光曲线文件来模拟光源的发光情况。另外大部分光环境模拟软件都提供了自然采光中常用的几种 CIE 天空模型。

5. 光照模型

光照模型是光环境模拟软件的核心，它通过复杂的数学模型模拟光线与表面的交互过程，根据使用的光照模型的不同，光环境模拟软件可以分为光线跟踪和光能传递两种类型，其中光线跟踪的使用更为广泛一些。

6. 数据后处理

数据后处理是在基本输出数据的基础上进行各种数据和图像处理以帮助使用者理解和分析。总的来说，除 Radiance 外的其他光环境模拟软件在这方面都不是很强，而 Radiance 则可以完成数据绘图和人眼主观亮度处理等一系列复杂的后处理，功能非常强大。

7. 人员行为和控制策略

对于动态光环境模拟软件和综合能耗模拟软件来说，由于涉及全年中不同的采光和照明状态的综合模拟，因此需要通过人员行为及照明控制策略来定义状态的变化情况，光环境模拟软件大多是通过各种形式的时间表来模拟人员行为和照明控制策略。

（三）BIM与光环境模拟

BIM是以三维数字技术为基础集成了建筑工程项目所需的各种相关信息的工程数据模型。BIM实际上是一种工程项目数据库，借助于数据库的强大能力，可以完成大量以前不可想象的任务。有了BIM技术的支持，光环境模拟可以与其他专业无缝协同，大大简化了工作的流程。

建筑光环境模拟软件中明确直接支持BIM的只有Ecotect Analysis和IES＜VE＞，它们都是通过。gbXML格式的模型文件与BIM软件进行交互和沟通的。gbXML格式中包含了建筑性能模拟软件中所需的大部分信息，其中与光环境模拟相关的内容包括了几何模型、材质、光源、照明控制及照明安装功率密度等几个方面，它们基本上都可以直接在BIM软件中定义。

现阶段的BIM应用主要还是着眼于数字化建模的工作，材质、光源及照明控制等内容一般是在光环境模拟软件中单独进行设置的。与BIM软件相比，光环境模拟软件往往不是那么智能，例如，在它们的眼中，只有不同材质属性的多边形表面，没有内墙、外墙和楼板等建筑构件之分，但这对于现阶段的建筑光环境模拟来说已经足够了。与能耗模拟软件相比，光环境模拟软件对于建筑信息的需求量相对要低一些。例如，它往往不需要知道房间的用途、分区及各种设备的详细信息。不过。随着技术的发展和进步，BIM与建筑光环境模拟之间的结合将更加完美，这也许会彻底改变现有的半手工式的工作流程。

（四）光环境模拟的过程

虽然光环境模拟的对象可能千差万别，但过程都是基本类似的，其中包括了规划模拟方案、建立模型、设置材质和光源、设置时间表和气象数据、设置参数并进行模拟及分析共六个步骤。光环境模拟是一个持续的反馈和调整过程，因此通过一次模拟就能取得成果的想法都是不切实际的。

1. 规划模拟方案

不同的项目对模拟有不同的要求和特点，因此模拟前需要对模拟方案进行总体的规划。模拟方案涉及模拟的评价指标、所使用的软件、模拟的范围及时间进度安排等几个方面，对于复杂的模拟来说可能还包括人员分工和多专业配合方面的内容。适当的模拟方案可以在保证精度的前提下用最短的时间完成符合要求的模拟。很多人往往在模拟前不重视模拟方案的规划，导致模拟完成后才发现得到的结果并不符合要求，接下来再去返工，这将浪费大量的时间和精力。因此，建议刚刚接触模拟的读者用纸和笔将上面提到的内容逐条列出来，这样可以帮助我们养成良好的模拟习惯。

（1）模拟指标

分析和评价是模拟方案中最关键的内容，其主要由建筑的类型和模拟的要求决定。例如，要综合分析办公建筑的自然采光性能，那么全自然采光时间百分比是个不错的选择；而针对博物馆建筑来说，全年光暴露时间和各种眩光评价指标是必不可少的。

（2）模拟软件

现在市场上有很多种光环境模拟软件，它们有各自的适用范围和优势领域。在过去的十几年中，Radiance 已逐步发展成为自然采光模拟领域实际上的标准，现在很多自然采光模拟软件都是以 Radiance 为计算核心的。以光能传递为核心的模拟类软件则迅速占领了照明模拟的大部分市场。Daysim 是当前唯一将用户行为模型用于动态光环境模拟的软件，其在这一领域里具有很强的优势。而 IES＜VE＞和 Energy Plus 等综合能耗模拟软件则以全面著称，它们不仅能执行光环境模拟，还能用于复杂的能耗和系统模拟。光环境模拟软件的选择与模拟的要求及个人习惯有着很大的关系。通常来说，大部分人都倾向于选择自己最熟悉的软件。

（3）模拟范围

模拟范围包括了空间、时间和设计方案三个部分。对于静态光环境模拟来说，不可能对建筑中所有的空间都进行逐时模拟，一般来说是针对全年中的典型时间和建筑中具有代表意义的空间进行模拟。对于动态光环境模拟和综合能耗模拟来说，一般不需要考虑时间的问题，通常只需要将性质类似且位置相邻的空间进行整合和简化即可。在模拟中，需要在同样的条件下对不同的设计方案进行横向的比较，相对于原始方案来说，各对比方案均做过一定的调整和改进。对比方案的确定要综合各方面的因素，但主要是来自于建筑师通过初步分析提出的一些策略和设想，例如，增加遮阳、反光板或改变室内墙面的反射率。

（4）时间进度安排

模拟工作的有序开展离不开精确的时间进度安排，其在很大程度上决定了模拟的效果和执行的节奏。时间进度安排与模拟的工作量、专业配合方案和任务分派有着密切的关系。在保证模拟效果的前提下，时间进度的安排应以降低时间和人力成本为原则，但同时也要留有一定的弹性空间以应对可能出现的特殊情况。

2. 建立建筑的三维模型

三维模型定义了建筑的几何场景特征，是模拟中必不可少的基础数据。建模前最好先在头脑中对要模拟的建筑仔细审视一遍，思考建筑哪些地方可以简化？哪些地方不能简化？要简化成什么样？是使用光环境模拟软件建模还是从其他软件中导入模型？

（1）模型的简化

建模前应先确定满足模拟要求的模型需要具备哪些细节。同时，还应该仔细计划一下模型的建立流程。一般来说，只需要建立起满足模拟需要的几何细节即可。对于大部分光环境评价指标来说，并不需要给出诸如电话或墙上画像一类的细节。更多的细节虽然可以增加模拟的真实程度，但同时也会对模拟的效率产生一定的影响。通常只有在侧重于设计效果评估的模拟中才需要建立出模型的具体细节。

光环境模拟软件中的计算时间与模型中表面的数量是成正比的。与渲染软件相比，模拟软件的计算成本要高得多，过于细致的模型可能会使计算时

间大幅度攀升，因此在不影响模拟效果的前提下应尽量降低模型的复杂程度。

另外，模型的复杂程度与模拟的要求和所在的阶段也有关。例如，相对于静态光环境模拟来说，在动态光环境模拟中往往可以简化更多的局部细节。在概念设计阶段，通常对模拟速度非常敏感，而对于模拟结果的要求则相对比较简单。随着设计的深化，所要分析的内容也越来越多，越来越精确，这时必然需要更复杂和精确的模型。

（2）建立和导入模型

大部分光环境模拟软件既可以导入外部程序建立的模型，也可以自行建立模型。一般来说，光环境模拟软件的建模能力要弱于专业的建模软件。因此，通常都是先在专业的建模软件中建立模型，然后通过 DXF 等标准的模型交换格式导入到光环境模拟软件中进行模拟。

3. 设置材质和光源

（1）设置材质

材质描述了物体表面与光线进行交互时所表现出来的性质。例如，镜面表面和漫反射表面在与光线交互时所表现出来的性质就是截然不同的。在不同的光环境模拟软件中，材质的表示形式和设置方式可能不完全一样，但通常来说都是由镜面度、反射率和透过率等基本参数构成的，这与渲染类软件是基本相似的，只不过模拟软件中的参数一般都具有真实的物理意义，因此理解软件中各种材质参数的物理意义对于材质设置来说是至关重要的。

（2）设置光源

光源是光环境模拟中的重要影响因素，人工照明模拟中的光源是各种类型的灯具，在模拟软件中一般是通过配光曲线来定义的；自然采光模拟中的光源是天空和太阳，在模拟软件中一般是通过天空模型来定义的。

4. 设置时间表和气象数据

（1）设置时间表

人员行为和采光照明控制对于动态自然采光和照明能耗模拟来说影响非常大。例如，人员在什么时候、什么情况下开灯，遮阳设施在何时调整角度。

在光环境模拟软件中，人员行为以及自然采光和照明系统的控制策略通常都表现为时间表，即通过各种时间表来模拟全年中的人员作息和设备运行情况。这部分内容本身并不复杂，难点在于通过各种时间表真实地反映出实际的情况。对于一般性的照明能耗模拟来说，现有的常规时间表设置基本上能满足要求。但简单的时间表设置很难做到完全符合现实中的人员行为，因此有些软件提供了基于大量基础调查研究的人员行为模型，如Daysim中就应用了这方面的最新研究成果。

（2）设置气象数据

在静态光环境模拟中，一般不需使用气象数据，但动态光环境模拟和综合能耗模拟中则必须要用到气象数据。建筑性能模拟领域中有多种气象数据格式，现在使用广泛的是Energy Plus的EPW格式的典型气象年数据，其中包括了步长为1小时的温度、风向、风速、降雨量及太阳辐射等数据。美国能源部的Energy Plus网站中提供了全球100多个国家上千个城市的典型气象年数据。随着Energy Plus的普及，EPW格式的气象数据已经逐步成为通用的气象数据交换格式。大部分的动态光环境模拟软件和综合能耗模拟软件都可以直接支持EPW格式的气象数据。

5. 设置参数并执行模拟

（1）参数设置

一般来说，模拟参数包括了视角参数、定位参数和计算参数三种。

对于亮度图像模拟，需要指定包括视点位置、方向、视野和焦距在内的视角参数。

对于评价指标的模拟，则需要定位计算点或计算网格的位置和方向。通常来说，它们位于建筑中的水平工作平面上，在博物馆建筑中则位于艺术品所在的竖直平面上。

计算参数控制着模拟的精度和时间，它与软件的光照模型有着密切的关系。

参数的选择往往是模拟中较为关键的一步，适当的参数设置可以达到事

半功倍的效果，但这在很大程度上取决于使用者的经验。为了简化操作并帮助用户快速入门，现在主流的光环境模拟软件基本上都提供了一套方便、实用的默认参数系统。在这套系统的引导下，使用者可以轻松地应对常见的情况。如果是较为复杂和特殊的情况，则需要使用者根据理论知识和实践经验通过分析来进行判断和设置。

（2）执行模拟

所有参数设置完毕后就可以开始执行模拟了。模拟的时间与参数的设置精度和场景的复杂程度有关，单个简单场景的静态光环境模拟时间大约为 0.5～2 小时，如果场景较为复杂，也有可能会耗费数十小时。模拟过程中一般不需要人工介入，如果模拟时间较长，可以采用批处理方式安排在夜晚执行。有些模拟软件具有并行计算能力，这可以在很大程度上提高模拟的效率。

6. 分析

这里所说的分析实际上包括了数据后处理、分析和撰写模拟报告三个方面的内容。

（1）数据后处理

大多数情况下，软件输出的数据都需要经过一定的处理以便于对比和分析。例如，将自动曝光的物理亮度图像转换为主观亮度图像和伪彩色图像，或将工作平面照度数据制成三维或二维的图表。数据后处理的关键在于数据可视化和数据归纳，因此可能会用到专业的可视化数据后处理或科学计算软件，例如 Excel、Tecplot、Matlab 和 SPSS。后处理虽然只是对数据的一种后期加工，但其对于分析的影响非常大，如果这一步处理不当同样也会影响到分析的质量。

（2）分析

分析是应用各种主客观评价指标对光环境进行评价的过程。实际上，计算结果本身的用处并不大，只有经过分析后的计算结果才能发挥出其应有的效能。横向比较分析主要着眼于方案间的性能比较，绝对数值分析则能够直接给出方案的客观性能评价。

（3）撰写报告

模拟报告是建立在分析的基础上的，详尽和规范的模拟报告可以向他人传递模拟所取得的成果。通常来说，模拟报告可以分为项目基本信息、模拟的任务、模拟的条件和设置、模拟的结果和分析及结论和建议几部分。

除基本内容外，报告中还可以提出相对于目前设计方案的性能提升建议。一份全面的光环境模拟报告不应仅局限于光环境领域，同时还应综合考虑方案的可实施性、经济性和运行能耗等其他方面的影响因素。建筑师和业主拿到模拟报告后，将会根据实际情况对方案进行调整，调整后的方案将再次进入模拟流程，不断地调整和优化实际上也是模拟过程的重要组成部分，体现了模拟分析对设计的指导作用。

（五）光环境模拟的评价

光环境模拟主要可以从定量评价、定性及主观评价方面来进行评价。

1. 光环境模拟的定量评价

（1）分类

光环境模拟的定量评价指标可以分为静态、动态和眩光和能耗及经济等几个方面。

静态评价指标一般仅针对某一典型的静止时间状态，如果要使用此类指标进行全面的评价，那么可能需要执行大量的静态模拟。某些静态指标所针对的时间状态具有特殊性，可以从逻辑上排除某些其他的状态。例如，采光系数针对的就是全年最不利的情况。

动态评价指标通常都是针对某一完整的时间序列来说的，它反映了建筑在某一时间段（通常是一年）内的整体性能。一般来说，大部分静态指标都可以通过手工或者制表计算，但动态指标通常只能使用计算机程序来计算。

眩光评价指标主要用于评价使用环境中的眩光情况，它可以分为人工照明和自然采光两种，分别用于相应情况下的眩光评价。

能耗及经济评价指标主要着重于从宏观的角度来评价建筑的热工和采光

照明性能。

由于光环境评价指标较多，同时也比较复杂，因此这里所采用的分类方式主要着眼于便于讨论和说明问题，不一定完全科学，其中也可能存在相互交叉的情况。

（2）评价

对于评价指标来说，既可以采取绝对评估值的方式，也可以在多方案之间采取横向比较的方式，在这种情况下绝对的数值可能并不重要，重要的是方案间的相对性能。两种方式各有千秋，一般来说设计的初期多采用横向比较的方式，而在深化设计阶段则主要采用绝对评估值的方式，但这也不是固定的模式。

实际运用中，往往很难用几个定理的指标去全面的评价建筑的光环境。这是因为建筑光环境的影响因素包括很多方面，它们往往又会互相影响，因此其中的关系非常复杂。对于不同的影响因素，往往要使用不同的指标去衡量和评价，怎样用多个相互没有联系的评价指标来综合评价建筑的光环境是当前的一个难题，起码到现在为止还没有一个集大成的综合光环境评价指标。另外，光环境本身也不是孤立的，它是整个建筑环境的一个有机组成部分，对于建筑性能的综合评价往往要从声、光、热等多方面来进行分析。

（3）评价指标

目前照度和采光系数等评价指标已经成为法定的评价标准，有些指标因为出现的时间不长，还未成为法定的评价标准，但它们也经过了理论和实践的验证并已在实际工程中广泛使用。这类指标往往针对更高层次的要求，例如，自然采光眩光指数和全自然采光时间百分比均属此类指标。

在实际的模拟中，除可以参考《建筑采光设计标准》《建筑照明设计标准》和《公共建筑节能设计标准》等国家强制性设计标准外，建设部颁布的《绿色建筑评价标准》、美国的 LEED 标准和北美照明工程学会出版的《照明手册》中的相关数据也可以作为参考的依据。

2. 光环境模拟的定性和主观评价

光环境作为一种复杂的互动环境，不仅与客观的物理规律有关，同时也与人的生理、心理及情绪等很多主观或半主观因素有关，而这些因素往往很难用定量的指标来衡量。由于建筑光环境模拟软件可以生成反映真实情况的亮度图像，因此光环境模拟中常根据亮度图像来定性地分析和评价光环境，其中也包括了帮助设计者对设计理念、空间营造和气氛表达等方面的因素进行推敲。

亮度图像与人眼所看到的图像非常接近，因此可以将亮度图像作为一个半主观的定性评价指标。光环境模拟软件所产生的亮度图像更接近实际使用中的真实情况。对于亮度图像的分析，没有定量的客观评价指标，通常都是从图像的亮度对比及光线和阴影的分布等角度进行定性的分析。

光环境模拟中生成的亮度图像还可以有助于推敲空间的营造和气氛的表达，这方面的内容主观的成分相对较多，其评价影响因素主要包括完型常性、直觉常性和色彩常性等几个方面。

现阶段还很少有人把光环境模拟作为方案推敲与展示的工具，人们在工作中还是常用V-Ray等渲染软件所生成的效果图。

但作为一种高精度的仿真技术，光环境模拟实际上可以在很大程度上代替效果图，通过光环境模拟软件得到的图像更加真实和自然，这正是建筑师和业主真正需要的。

参考文献

［1］刘占省，赵雪锋. BIM 技术与施工项目管理［M］. 北京：中国电力出版社，2015.

［2］何关培. BIM 总论［M］. 北京：中国建筑工业出版社，2011.

［3］丁荣贵. 项目管理：项目思维与管理关键［M］. 北京：机械工业出版社，2004.

［4］吴瑞卿，祝军权. 绿色建筑与绿色施工［M］. 长沙：中南大学出版社，2017.

［5］吴兴国. 绿色建筑和绿色施工技术［M］. 北京：中国环境科学出版社，2013.

［6］李飞，杨建明. 绿色建筑技术概论［M］. 北京：国防工业出版社，2014.

［7］丁士昭. 建设工程信息化导论［M］. 北京：中国建筑工业出版社，2005.

［8］孙悦. 基于 BIM 的建设项目全生命周期信息管理研究［D］. 哈尔滨：哈尔滨工业大学，2012.

［9］寿文池. BIM 环境下的工程项目管理协同机制研究［D］. 重庆：重庆大学，2015.

［10］芦洪斌. BIM 在建筑工程管理中的应用［D］. 大连：大连理工大学，2015.

［11］潘刃. BIM 技术在办公建筑设计及物业管理中的应用研究［D］. 广西：广西大学，2016.

［12］吕世尊. BIM 技术在建筑工程施工中的应用研究［D］. 郑州：郑州大

学，2016.

[13] 谢斌. BIM 技术在房建工程施工中的研究及应用 [D]. 成都：西南交通大学，2016.

[14] 彭正斌. 越于 BIM 理念的建设项目全生命周期应用研究 [D]. 青岛：青岛理工大学，2014.

[15] 龙腾. 基于 BIM 的变截面桥体可视化施工技术应用研究 [D]. 武汉：武汉科技大学，2016.